高等院校计算机任务驱动教改教材

云计算
与虚拟化平台实践

丁允超　李菊芳　主编

清华大学出版社

北京

内 容 简 介

本书全面讲解了云计算和虚拟化的入门基础知识,重点讲解了目前主流的云计算与虚拟化平台搭建和运维的方法。全书共分为 9 个项目,包括云计算和虚拟化的基本理论知识,Hyper-V 虚拟技术,KVM 虚拟化技术,私有云盘的搭建和应用,VMware ESXi 虚拟化技术,Citrix Xen 虚拟化技术,CecOS 虚拟化平台搭建与维护,OpenStack 云数据中心及快速部署方法,以及容器虚拟化技术的代表 Docker。

全书除项目 1 为纯理论知识外,其他 8 个项目的内容均为实践性的技术,每个项目均包含项目简介、项目目标、若干个子任务、项目总结、实践任务和拓展练习几个板块。各个任务的操作步骤非常细致,具备 Linux 基础的读者,可以在不借助其他参考书的情况下,完成本书的实践性操作。

本书可作为本科和职业院校"云计算与虚拟化"课程的教学用书,也可作为成人高等院校、各类培训机构、计算机从业人员和爱好者的参考用书。

图书在版编目(CIP)数据

云计算与虚拟化平台实践 / 丁允超,李菊芳主编. —北京:清华大学出版社,2022.1(2024.1重印)
高等院校计算机任务驱动教改教材
ISBN 978-7-302-59648-6

Ⅰ.①云…　Ⅱ.①丁…②李…　Ⅲ.①云计算－高等学校－教材　Ⅳ.①TP393.027

中国版本图书馆 CIP 数据核字(2021)第 249673 号

责任编辑:张龙卿
封面设计:范春燕
责任校对:赵琳爽
责任印制:曹婉颖

出版发行:清华大学出版社
　　网　　　址:https://www.tup.com.cn,https://www.wqxuetang.com
　　地　　　址:北京清华大学学研大厦 A 座　　　　　　　**邮　　编:**100084
　　社 总 机:010-83470000　　　　　　　　　　　　　　**邮　　购:**010-62786544
　　投稿与读者服务:010-62776969,c-service@tup.tsinghua.edu.cn
　　质量反馈:010-62772015,zhiliang@tup.tsinghua.edu.cn
　　课件下载:https://www.tup.com.cn,010-83470410
印 装 者:北京同文印刷有限责任公司
经　　销:全国新华书店
开　　本:185mm×260mm　　　**印　　张:**14.5　　　　　**字　　数:**347 千字
版　　次:2022 年 1 月第 1 版　　　　　　　　　　　　　　**印　　次:**2024 年 1 月第 3 次印刷
定　　价:49.00 元

产品编号:093007-01

序

近 30 年来，IT 技术经历了 PC 变革、互联网变革之后，云计算被看作第三次 IT 浪潮。国内和国际 IT 产业巨头都将云计算业务作为发展的重点，近年来云计算市场平均增长率在 20％左右。预计到 2022 年全球云计算市场规模将超过 2700 亿美元。在我国云计算已经成为一种公共服务的平台，更是我国新基建战略的核心。在这个"无处不云"的背景下，如何培养适应市场发展的人才就是重中之重了。

我国几乎所有涉及理工科的大学均设立了计算机专业，但却很少将云计算作为一门独立课程进行教授，而构建云计算最重要的虚拟化技术为学生讲述就更少了。大量的应届毕业生在进入工作岗位时，常常是满腹经纶，脑袋装满各种理论、规则和指标，但是却对实际工作涉及的技术完全没有了解。

在进入工作岗位以后，很多时候接触各类技术文档要多于理论书籍，因为大部分的书籍满足于描述现象，探究理论和逻辑，完全忽略了实践。但是长期埋头于技术文档，又经常会知其然而不知其所以然，造成的结果就是很多技术人员成长止步于实施，不具备排错、调优等技能。

一本优秀的教材首先应该是与时俱进的，要结合最新技术发展方向，同时用最浅显的语言将复杂理论背后的逻辑剖析出来，与实践紧密结合，让学生们知其然也知其所以然。

本书基本囊括了目前主流的虚拟化技术方向，从云计算与虚拟化的关联入手，再到阐述各个虚拟化产品技术的特性、架构，以及如何去实现搭建。将理论指导和技术文档合二为一，通过实践操作清晰地梳理了如何使用虚拟化技术去搭建云计算架构，使得本书既体现了技术发展的方向，又充分考虑了高校教学的实际需求。希望学习本书的同学多多实践，熟练掌握相关技术，为自己未来的发展打下坚实的基础。

中科寒武纪科技股份有限公司
高级解决方案架构师　赵轩
2021 年 5 月于北京

前　言

随着信息技术的飞速发展,"云大物智"的概念已经广泛进入公众视野。"云大物智"和产业互联网是新一代信息技术发展的重要方向。云计算可以为企业进行资源整合并降低生产成本,同时其极具扩展性的设计以及灵活的部署方式,已经成为众多企业关注和实施的目标。虚拟化技术实现了IT资源的逻辑抽象和统一表示,在大规模数据中心管理和解决方案交付等方面发挥着巨大的作用,是支撑云计算构想的技术基石。云计算以虚拟化为核心,虚拟化为云计算提供技术支持,二者相互依托,共同发展。

本书从云计算和虚拟化技术的理论知识入手,在讲解二者的入门理论知识的基础上,通过实践性项目,巩固云计算和虚拟化的理论知识。同时,学习各个云计算和虚拟化平台的搭建和维护。

本书有如下特点。

(1) 轻理论、重实践。针对高职学生的特点,本书理论知识偏少,仅对云计算和虚拟化的基本理论进行了阐述,每种技术均以一个可以展示的结果为教学目标,有大量实践操作任务供读者练习。

(2) 内容组织合理。本书的项目任务均以主流的虚拟化和云计算平台为例进行讲解,包括市场占有率很高的 VMware 产品和体系很庞大的 OpenStack 云数据中心,以及容器虚拟化的代表 Docker 虚拟化技术。读者在学习了本书的内容后,基本具备主流云计算与虚拟化平台的构建和运维的能力。

(3) 配套资源丰富。为了方便教师教学和读者学习,本书配套提供相关的授课课件、实验指导书、学时分配建议、微课,以及每个项目所需要的软件资源(包)。相关资源均可通过出版社或联系作者获取。

本书项目 1～项目 3、项目 7 由重庆城市管理职业学院李菊芳编写,项目 4～项目 6、项目 8 和项目 9 由重庆城市管理职业学院丁允超编写,丁允超负责全书的统稿工作。在本书的编写过程中,中软国际教育科技集团卓越研究院执行院长王晓华、中科寒武纪科技股份有限公司高级解决方案架构师赵轩对本书的前沿技术、技术架构进行了专业性指导,并结合企业实际用人需求,对本书的知识点和项目目标进行了优化。特别感谢在本书编写过程中一直给予支持的杨才兴同学,他结合所学专业知识站在使用者角度参与教材的修订讨论、代码验证等工作,大胆提出意见或建议,促使教材内容及风格更符合读者需求。

由于编者水平所限,书中难免存在不妥和错误之处,恳请同行、专家和广大读者批评指正。

编　者

2021 年 5 月

目　录

项目 1　虚拟化与云计算入门

虚拟化和云计算技术是当下最为炙手可热的主流 IT 技术。虚拟化技术实现了 IT 资源的逻辑抽象和统一表示,在大规模数据中心管理和解决方案交付等方面发挥着巨大的作用,是支撑云计算构想的重要技术基石。未来,云计算将成为计算机的发展趋势和最终目标,以提高资源利用效率,满足用户不断增长的计算需求。云计算以虚拟化为核心,虚拟化则为云计算提供技术支持,二者相互依托,共同发展。

本项目重点讲解虚拟化技术的概念、体系结构、分类等基础知识,同时讲解云计算技术的概念、架构、部署方式等。

 **项目目标**

1. 知识目标
➢ 了解虚拟化的基本概念及体系结构。
➢ 了解虚拟化的分类及常用软件。
➢ 了解云计算的概念及架构。
➢ 了解云计算的部署方式及主流平台。
➢ 了解 IaaS、PaaS、SaaS 的概念及区别。

2. 能力目标
➢ 能描述虚拟化的概念和体系结构。
➢ 能列举虚拟化的分类及常用软件。
➢ 能描述云计算的概念及架构。
➢ 能列举云计算的部署方式及主流平台。
➢ 能区分 IaaS、PaaS、SaaS。

任务 1.1　了解虚拟化

虚拟化是当今热门技术云计算的核心技术之一,它可以实现 IT 资源的弹性分配,使 IT 资源分配更加灵活,能满足多样化的应用需求。

本任务主要介绍虚拟化技术的一般定义、虚拟化技术发展史、虚拟化的目的、虚拟化体系结构、虚拟化技术分类、常用虚拟化软件及其发展前景。

1.1.1　虚拟化的概念

虚拟化是云计算的基础。虚拟化使一台物理服务器上可以运行多台虚拟机,虚拟机共享物理机的 CPU、内存、I/O 硬件资源,但逻辑上虚拟机之间是相互隔离的。

1. 虚拟化的定义

近年来,虚拟化技术已成为构建企业 IT 环境的必备技术,许多企业里虚拟机的数量已经远远大于物理机,虚拟化技术已成为 IT 从业者尤其是运维工程师的必备技能。

"虚拟化"是一个广泛而变化的概念,因此,想要给出一个清晰准确的"虚拟化"定义并不是一件容易的事,目前业界对"虚拟化"已经给出了以下多种定义。

"虚拟化是表示计算机资源的抽象方法,通过虚拟化可以用与访问抽象前资源一致的方法访问抽象后的资源。这种资源的抽象方法并不受现实、地理位置或底层资源的物理配置的限制。"——维基百科

"虚拟化是为某些事物创造的虚拟(相对于真实)版本,比如操作系统、计算机系统、存储设备和网络资源等。"——Whatis.com

"虚拟化是为一组类似资源提供一个通用的抽象接口集,从而隐藏属性和操作之间的差异,并允许通过一种通用的方式来查看并维护资源。"——OGSA

尽管以上几种定义表述方式不尽相同,但仔细分析后,不难发现它们都阐述了以下三层含义。

(1) 虚拟化的对象是各种各样的资源。

(2) 经过虚拟化后的逻辑资源对用户隐藏了不必要的细节。

(3) 用户可以在虚拟环境中实现其在真实环境中的部分或者全部功能。

虚拟化的主要目标是对包括基础设施、系统和软件等 IT 资源的表示、访问和管理进行简化,并为这些资源提供标准接口来接收输入和提供输出。虚拟化的使用者可以是最终用户、应用程序或者是服务。通过标准接口,虚拟化可以在 IT 基础设施发生变化时,将其对使用者的影响降到最低,最终用户可以重用原有接口。因为用户与虚拟资源进行交互的方式并没有发生改变,即使底层资源的实现方式已经发生改变,用户也不会受到影响。

虚拟化技术降低了资源使用者与资源具体实现之间的耦合程度,让使用者不再依赖于资源的某种特定实现。利用这种松耦合关系,在系统管理员对 IT 资源进行维护与升级时,可以降低对使用者的影响。

2. 虚拟化技术发展历史

虽然虚拟化技术已经产生很多年,但是近几年才开始得到大面积的推广和应用。20 世纪 60 年代为提高硬件利用率对大型机硬件进行分区就是最早的虚拟化。经过多年的发展,业界已经形成多种虚拟化技术,包括服务器虚拟化、网络虚拟化、存储虚拟化、桌面虚拟化等,与之相关的虚拟化运营管理技术也被广泛研究,虚拟化技术的具体发展历程及相关重大标志性事件如下。

(1) 虚拟化萌芽阶段:计算虚拟化概念首次提出,存储虚拟化出现。

1959 年,克里斯托弗(Christopher Strachey)在国际信息处理大会上发表了一篇学术报告,名为《大型高速计算机中的时间共享》(*Time Sharing in Large Fast Computers*),他在文中提出了虚拟化的基本概念。这篇文章也被认为是对虚拟化技术的最早论述。

1970 年 IBM 推出的 System/370 中率先使用了虚拟存储器。

1987 年加利福尼亚大学的大卫·帕特森、格椤·吉布生和兰迪·卡兹描述了一个由廉价磁盘组成的冗余阵列,即 RAID。如今的先进卷管理程序已经成为操作系统不可或缺的

一部分,RAID 技术已成为每个磁盘子系统的核心。

(2) X86 平台服务器虚拟化技术逐步发展,存储虚拟化从 NAS/SAN 向 VTL 发展,网络虚拟化随着服务器虚拟化而出现。

1998 年 VMware 公司成立,1999 年 Xen 相关研究起步。

2000 年世纪之交,NAS 和 SAN 兴起,并引发了 VTL、复制和重复数据删除等许多利用池存储或远程存储的新技术开发。

2001 年 VMware 以 Red Hat Enterprise Linux 7.2 为基础,推出 ESX Server,成为一个真正的虚拟平台。ESX Server 的出现,正式宣告 VMware 进入虚拟企业界领域。

2003 年 VMware 推出虚拟环境管理平台 Virtual Center,包括 Vitual SMP 技术。

(3) X86 平台硬件辅助虚拟化技术商用。

2005 年 8 月,Intel 首次公布了其硬件虚拟化技术细节,并于 2005 年 11 月宣布其 VT 技术已商用。

2006 年 5 月,AMD 硬件虚拟化技术 SVM 首款商用产品 Athlon 64 问世。

(4) X86 虚拟化技术进一步发展并商用,竞争激烈,桌面和应用虚拟化逐渐成为虚拟化领域的热点。

2009 年 2 月,Cirtix 发布免费版本的企业级 XenServer 平台,其具备管理工具 XenCenter 和实时迁移功能 XenMotion,并于 5 月发布其更新版本 XenServer 5.5,对管理功能进行了强化,Cirtix 公司于 2015 年 1 月发布了全 64 位的 XenServer 6.5 版本。

2009 年 3 月,Cisco 推动了虚拟化市场的硬件发展,宣布推出统一计算系统(UCS),它结合了服务器和网络硬件与管理软件。在 8 月举行的 VMworld 2009 大会上,Cisco UCS 获得了硬件类金奖,证明了其在数据中心硬件方面的显著能力。

2009 年 4 月,VMware 推出 vSphere 4.0,这是一款划时代的全面虚拟化解决方案,目前较新的版本为 vSphere 6.0,而 vSphere 5.5 版本是其应用较为成熟的一个版本。

2009 年 5 月,微软发布 Hyper-V R2,其对 Hyper-V 的第一个版本做出了重要改进,提供热迁移、集群共享卷和其他高级功能。更重要的是微软将这些功能与 VMware 放在相同地位上,从而显著改变了整个虚拟化市场格局。Hyper-V 的最新版本为 Hyper-V 3.0。

由于基于 Hypervisor(虚拟机监控器)的虚拟化技术仍然存在一些性能和资源使用效率方面的问题,2013 年至今,以 Docker 公司为代表的一些公司发展了容器技术。容器技术可以按需构建,为系统管理员提供极大的灵活性。

纵观虚拟化技术的发展历史,可以看到它始终如一的目标就是实现对 IT 资源的充分利用。

3. 虚拟化的目的

虚拟化的主要目的是对 IT 基础设施进行简化,以及对资源进行访问。虚拟化原理如图 1-1 所示。

虚拟化使用软件的方法重新定义及划分 IT 资源,可以实现 IT 资源的动态分配,灵活调度,跨域共享,提高了 IT 资源的利用率,使 IT 资源能够真正成为社会基础设施,服务于各行各业。与传统 IT 资源分配的应用方式相比,虚拟化具有以下优势。

(1) 虚拟化技术可以大大提高资源的利用率,提供相互隔离、安全、高效的应用环境。

(2) 虚拟化系统能够方便地管理和升级资源。

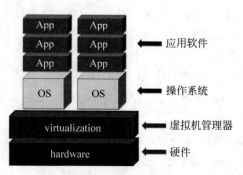

图 1-1 虚拟化原理

虚拟化技术的发展促进了云计算技术的飞速发展,也可以说虚拟化是云计算的基础,没有虚拟化就没有云计算。

1.1.2 虚拟化的体系结构

虚拟化主要是指通过软件实现的方案。常见的虚拟化体系结构如图 1-2 所示,这是一个直接在物理主机上运行虚拟机管理程序的虚拟化系统。在 X86 平台虚拟化技术中,这个虚拟机管理程序通常被称为虚拟机监控器(virtual machine monitor,VMM),又称为 Hypervisor。它是运行在物理机和虚拟机之间的一个软件层,物理机被称为主机(host),虚拟机被称为客户机(guest),中间软件层即为 Hypervisor。

图 1-2 虚拟化体系结构

有两个基本概念需要解释。

(1) 主机:指物理存在的计算机,又称宿主计算机(简称宿主机)。当虚拟机嵌套时,运行虚拟机的虚拟机也是宿主机,但不是物理机。主机操作系统是指宿主计算机上的操作系统,在主机操作系统上安装的虚拟机软件可以在计算机上模拟一台或多台虚拟机。

(2) 虚拟机:指在物理计算机上运行的操作系统中模拟出来的计算机,又称客户机,理论上完全等同于实体的物理计算机。每个虚拟机都可以安装自己的操作系统或应用程序,并连接网络。运行在虚拟机上的操作系统称为客户操作系统。

Hypervisor 基于主机的硬件资源给虚拟机提供了一个虚拟的操作平台并管理每个虚拟机的运行,所有虚拟机独立运行并共享主机的所有硬件资源(Hypervisor 就是提供虚拟机硬件模拟的专门软件,可以分为原生型和宿主型两类)。

1. 原生型

原生型又称裸机型。Hypervisor 作为精简的操作系统(操作系统是比较特殊的软件),直接运行在硬件上,以控制硬件资源并管理虚拟机。类似的系统还有 VMware ESXi、Micrsoft Hyper-V 等。

2. 宿主型

宿主型又称托管型。Hypervisor 运行在传统的操作系统上,同样可以模拟出一整套虚拟硬件平台。类似的系统还有 VMware Workstation、Oracle Vitual Box 等。

从性能角度来看,不论原生型还是宿主型都会有性能损耗,但宿主型比原生型的损耗更大,所以企业生产环境中基本使用的是原生型的 Hypervisor,宿主型的 Hypervisor 一般用于实验或测试环境中。

1.1.3 虚拟化的分类

根据虚拟化实现机制的不同,虚拟化可分为全虚拟化、半虚拟化、硬件复制虚拟化三种。其中,全虚拟化产品将是未来虚拟化的主流。

1. 全虚拟化

用全虚拟化模拟出来的虚拟机中的操作系统是与底层的硬件完全隔离的,虚拟机中所有的硬件资源都通过虚拟化软件来模拟。这为虚拟机提供了完整的虚拟硬件平台,包括处理器、内存和外设,支持可在真实物理平台上运行的操作系统,为虚拟机的配置提供了较大程度的灵活性。每台虚拟机都有一个完全独立和安全的运行环境,虚拟机中的操作系统也不需要做任何修改,并且易于迁移。在操作全虚拟化的时候,用户感觉不到它是一台虚拟机。全虚拟化的代表产品有 VMware ESXi 和 KVM。

由于虚拟机的资源都需要通过虚拟化软件来模拟,虚拟机会损失一部分的性能。

2. 半虚拟化

半虚拟化的架构与全虚拟化基本相同,需要修改虚拟机中的操作系统来集成一些虚拟化方面的代码,以减小虚拟化软件的负载。半虚拟化的代表产品有 Hyper-V 和 Xen。

半虚拟化模拟出来的虚拟机整体性能会更好些,因为修改后的虚拟机操作系统承载了部分虚拟化软件的工作。不足之处是,由于要修改虚拟机的操作系统,用户会感知到使用的环境是虚拟化环境,而且兼容性比较差,用户使用时也比较麻烦,需要集成虚拟化代码的操作系统。

3. 硬件辅助虚拟化

硬件辅助虚拟化是由硬件厂商提供的功能,主要配合全虚拟化和半虚拟化使用。它在 CPU 中加入了新的指令集和处理器运行模式,以完成虚拟操作系统对硬件资源的直接调用。典型技术有 Intel VT、AMD-V。

虚拟化根据应用可以分为应用虚拟化、桌面虚拟化和系统虚拟化 3 个类别。其中,系统虚拟化在业界被称为服务器虚拟化。

各虚拟化类别的典型代表如表 1-1 所示。

表 1-1 虚拟化典型代表

类别	典型代表
应用虚拟化	① 微软的 APP-V ② Citrix 的 Xen APP
桌面虚拟化	① 微软的 MED-V、VDI ② Citrix 的 Xen Desktop ③ VMware 的 VMware View ④ IBM 的 Virtual Infrastructure Access
系统虚拟化	① VMware 的 vSphere、Workstation ② 微软的 Windows Server with Hyper-V、Virtual PC ③ IBM 的 Power VM、zVM ④ Citrix 的 Xen

1.1.4 常用虚拟化软件

目前 X86 平台上的主流虚拟化软件可分为面向企业的 VMware、Hyper-V、Xen、KVM，以及面向个人用户的 VMware Workstation 和 Virtual-Box。

1. VMware

VMware 首款产品发布于 1999 年，是最早出现在 X86 平台上的虚拟化软件，具有良好的兼容性和稳定性。VMware 的产品线较为全面，既有虚拟化整体解决方案，也有 IaaS、PaaS、SaaS 平台以及网络、存储等方面的产品。经过近 20 年的发展，VMware 的专用协议得到了很多厂商的支持，形成了自己的产品生态链。

VMware 的软件是非开源产品，对用户收费，所以一般只被传统行业与政府机关所采用，中小企业和互联网公司使用较少。

2. Xen

Xen 由剑桥大学开发，是最早的开源虚拟化软件，半虚拟化的概念也是 Xen 最早提出的。2007 年 8 月，Xen 被 Citrix 公司收购，并发布了管理工具 XenSever。

作为一款出现较早的虚拟化软件，Xen 已很少被新建虚拟化系统的公司使用。但由于其兼容性和稳定性较好，一些在 Xen 上有技术积累的公司目前仍在使用这一软件。

3. Hyper-V

Hyper-V 是微软出品的虚拟化软件，近年来发展较为迅速。Hyper-V 软件必须在 64 位的 Windows 系统上运行，但也可以创建 Linux 虚拟机。

Hyper-V 是非开源的收费产品。它对应的管理工具 SCVMM 的配置比较复杂，在管理多台宿主机时，需要先配置 Windows 域和 Windows Server 集群，因此只在一些 Windows 系统为主的企业中应用。

4. KVM

KVM 是近年来发展迅猛的虚拟化技术，该技术一经推出就支持硬件虚拟化。具备相当优秀的兼容性。目前，KVM 是 OpenStack 平台首选的虚拟化引擎，国内新一代的公有云大部分也都采用 KVM 技术。

1.1.5 虚拟化的发展前景

在信息技术日新月异的今天,虚拟化技术之所以得到企业及个人用户的青睐,主要是因为虚拟化技术的功能特点有利于解决来自资源配置、业务管理等方面的难题。首先,虚拟计算机最主要的作用是能够充分发挥高性能计算机的闲置资源,以达到即使不购买硬件也能提高服务器利用率的目的;同时,它也能够完成客户系统应用的快速支付与快速恢复,这是公众对虚拟计算机最基本与直观的认识;最后,虚拟化技术正逐渐在企业管理与业务运营中发挥着至关重要的作用,不仅能够实现服务器与数据中心的快速部署与迁移,还能体现出其透明行为管理的特点。举例来说,商业的虚拟化软件,就是利用虚拟化技术实现资源复用和资源自动化管理的。该解决方案可以进行快速业务部署,灵活地为企业分配 IT 资源,同时实现资源的系统管理与跨域管理,将企业从传统的人工运维管理模式逐渐转变为自动化运维模式。

虚拟化技术的重要地位使其成为业界关注的焦点。在技术发展层面,虚拟化技术正面临着平台开放化、连接协议标准化、客户端硬件化及公有云私有化四大趋势。平台开放化是指将封闭架构的基础平台,通过虚拟化管理使多家厂家的虚拟机在开放平台下共存,不同厂商可以在平台上实现丰富的应用。连接协议标准化旨在解决目前多种连接协议(VMware PCoIP, Citrix 的 ICA、HDX 等)在公有桌面云的情况下出现的终端兼容性复杂化问题,从而解决终端和云平台之间的兼容性问题,优化产业链结构。客户终端硬件化针对的是桌面虚拟化和应用虚拟化技术的客户在进行多媒体体验时缺少硬件支持的情况,通过逐渐完善终端芯片技术,将虚拟化技术落实到移动终端上。公有云私有化的发展趋势是通过技术将企业的 IT 架构变成叠加在公有云基础上的"私有云",在不牺牲公有云便利性的基础上,保证私有云对企业数据安全性的支持。目前,以上趋势已在许多企业的虚拟化解决方案中得到体现。

在硬件层面,主要从以下几个方面看虚拟化的发展趋势。首先,IT 市场有竞争力的虚拟化解决方案正逐步趋于成熟,使得仍没有采用虚拟化技术的企业有了切实的选择;其次,可供选择的解决方案提供商逐渐增多,因此更多的企业在考虑成本和潜在锁定问题时开始采取"第二供货源"的策略,异构虚拟化管理正逐渐成为企业虚拟化管理的兴趣所在;最后,市场需求使得定价模式不断变化,从原先的完全基于处理器物理性能来定价,逐渐转变为给予虚拟资源更多关注,定价模式从另一个角度体现出了虚拟化的发展趋势。另外,云服务提供商为给它们的解决方案提供入口,在制定自己的标准,接受企业使用的虚拟化软件及构建兼容性软件中做出最优的选择。在虚拟化技术不断革新的大趋势下,考虑到不同的垂直应用行业,许多虚拟化解决方案提供商已经提出了不同的针对行业的解决方案:一是面向运营商、高等院校、能源电力和石油化工的服务器虚拟化,主要以提高资源利用率,简化系统管理,实现服务器整合为目的;二是桌面虚拟化,主要面向金融及保险行业、工业制造和行政机构,使客户无须安装操作系统和应用软件,就能在虚拟系统中完成各种应用工作;三是应用虚拟化、存储虚拟化和网络虚拟化的全面整合,面向一些涉及工业制造和绘图设计的行业用户,其优点在于,许多场景下用户只需一两个应用软件,而不用虚拟化整个桌面。

在虚拟化技术飞速发展的今天,如何把握虚拟化市场趋势,在了解市场格局与客户需求的情况下寻找最优的虚拟化解决方案,已成为了企业资源管理配置的重中之重。

任务 1.2 了解云计算

云计算提供的计算机资源服务是与水、电、煤和电话类似的公共资源服务。本任务首先介绍云计算的概念,再详细讲解云计算的三种架构及常见的部署模式,最后简要说明云计算的发展趋势及当前主流的云计算平台。

1.2.1 云计算的概念

云计算是一种基于互联网的相关服务的增加、使用和交付模式,它依赖于虚拟化,通常会通过互联网来提供动态易扩展且经常是虚拟化的资源。借助虚拟化技术,可以把服务器等硬件资源构建成一个虚拟资源池,从而实现共同计算和资源共享,即实现云计算。

在传统模式下,企业建立一套 IT 系统不仅要采购硬件等基础设施,而且要购买软件的许可证,并需要专门的人员维护。当企业的规模扩大时,企业就要继续升级各种软硬件设施以满足需要。这些硬件和软件本身并非用户真正需要的,它们仅仅是完成任务的工具,软硬件资源租用服务能满足用户的真正需求。而云计算就是这样的服务,其最终目标是将计算、服务和应用作为一种公共设施提供给公众。

在未来,只需要一台笔记本电脑或者一部手机,就可以通过网络来实现我们需要的一切,甚至包括超级计算这样的任务。从这个角度而言,最终用户才是云计算的真正拥有者。

1.2.2 云计算的架构

云计算架构是面向服务的架构,云计算包括 3 个层次的服务:基础设施即服务(IaaS)、平台即服务(PaaS)和软件即服务(SaaS)。这 3 个层次服务代表了不同的云服务模式,分别在基础设施层、平台层和应用层实现,共同构成云计算的整体架构,如图 1-3 所示。

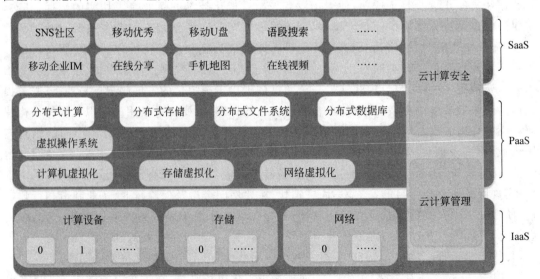

图 1-3 云计算的架构图

从图 1-3 中可以看出,云计算的架构还包括用户接口(针对每个层次的云计算服务提供相应的访问接口)和云计算管理(对所有层次云计算服务提供管理功能)两个模块。

1. IaaS(基础设施即服务)

IaaS 的作用是将各个底层存储等资源作为服务提供给用户。用户能够部署和运行任意软件,包括操作系统和应用程序。用户不能管理或控制任何云计算基础设施,但能控制操作系统的选择、存储空间和部署的应用,也有可能获得有限制的网络组件的控制。IaaS 负责管理虚拟机的生命周期,包括创建、修改、备份、启停、销毁等,用户从云平台获得一个已经安装好映像(包含操作系统等软件)的虚拟机。企业或个人可以远程访问、存储以及应用虚拟化技术所提供的相关功能。目前具有代表性的 IaaS 服务产品有亚马逊(Amazon)的 EC2 云主机和 S3 云存储、Rackspace Cloud、阿里云、百度云服务等。

2. PaaS(平台即服务)

PaaS 的作用是将一个完整的计算机平台,包括应用设计、应用开发、应用测试和应用托管,都作为一种服务提供给用户。简单地说,PaaS 平台就是指云环境中的应用基础设施服务,也可以说是中间件即服务。PaaS 是服务提供商提供给用户的一个平台,用户可以在这个平台上利用各种编程语言和工具(如 Java、Python、.NET 等)开发自己的软件或者产品,并部署应用和环境,而不用关心其底层的设施、网络、操作系统。目前 PaaS 的典型实例有微软的 Windows Azure 平台、Facebook 的开发平台、Google App Engine、IBM BlueMix,以及国内的新浪 SAE 等。

3. SaaS(软件即服务)

SaaS 是一种通过 Internet 提供软件服务的云服务模式,用户无须购买或安装软件,而是直接通过网络向专门的提供商获取自己所需要的、带有相应软件功能的服务。SaaS 提供商为用户搭建了信息化所需要的所有网络基础设施,以及软件和硬件运作平台,并负责所有前期的实施、后期的维护等一系列服务。用户只需要通过终端,以 Web 访问的形式来使用、访问、配置各种服务,不用管理或运维任何在云计算上的服务。微软、Salesforce、用友、金蝶等软件公司都推出了自己的 SaaS 应用。

1.2.3　云计算的部署模式

云计算的模式种类有很多种,按照云计算的服务模式主要分为公有云、私有云、混合云和行业云 4 种。

1. 公有云

公有云通常指第三方提供商为用户提供的能够使用的云,或者是企业通过自己的基础设施直接向外部用户提供服务的云。在这种模式下,外部用户可以通过互联网访问服务,但不拥有云计算资源,用户使用的公有云可能是免费的或成本相对低廉的。这种云可在当今整个开放的公有网络中提供服务。世界上主要的公有云有 Windows Azure、Google Apps、Amazon AWS。公有云具有费用较低、灵活性高、可大规模应用等优点。

2. 私有云

私有云又称专用云,是为一个组织机构单独使用而构建的,是企业自己专用的云。它所有的服务不是供公众使用,而是供企业内部人员或分支机构使用。私有云是为单独使用而构建的,因而可提供对数据、安全性和服务质量的最有效控制。私有云具有数据安全性高,能充分利用资源,服务质量高等优点。

3. 混合云

混合云是公有云和私有云的混合。混合云既面向公共空间,又面向私有空间提供服务,可以发挥出所混合的多种云计算模型各自的优势。当用户需要使用既是公有云又是私有云的服务时,选择混合云比较合适。其优势是,用户可以获得接近私有云的私密性和接近公有云的成本,并且能快速地接入大量位于公有云的计算能力,以备不时之需。

4. 行业云

顾名思义,行业云是针对某个行业设计的云,并且仅开放给这个行业内的企业。行业云是由我国著名的商用 IT 解决方案提供商浪潮提出的。行业云由行业内或某个区域内起主导作用或者掌握关键资源的组织建立和维护,并以公开或者半公开的方式,向行业内部或相关组织提供有偿或无偿的服务。

1.2.4 云计算的发展趋势

云的崛起并不是一蹴而就的,是通过各种不同的计算模式不断地演变、优化,才形成我们现在所看到的"云"。它的发展不仅顺应当前的计算模型,也真正地为企业带来效率和成本方面的诸多变革。

全球云计算发展特点可以归纳为以下几点。

1. 云服务已成为互联网公司的首选

全球排名前 50 万的网站中,约有 2% 采用了公有云服务商提供的服务,其中 80% 的网站采用了亚马逊和 Rackspace(美国著名的 IDC 服务提供商)的云服务。大型云服务提供商已经形成明显的市场优势。美国新出现的互联网公司 90% 以上使用了云服务。在全球市场上,亚马逊拥有超过 3000 万注册 IP,微软有超过 2300 万注册 IP,阿里云有 1000 万注册 IP,位列前三。从活跃 IP 的角度,亚马逊有 686 万活跃 IP,阿里云有 171 万活跃 IP,微软有 116 万活跃 IP。来自中国的阿里云在 IP 活跃程度上超过了微软,但仍与亚马逊有一段距离。云服务的主要优势表现在,降低互联网创新企业初创期的 IT 构建和运营成本,形成可持续的商业模式,降低运营风险。

2. 价格与服务成为云计算巨头竞争的重要手段

虚拟机是云厂商"价格战"的必争之地,其处于云计算产业链金字塔底层。近年来,亚马逊、谷歌和微软三大巨头已经开展了多次云服务的价格战,国内的阿里云、腾讯云、金山云等主流云厂商都曾推出虚拟机的降价策略。

除了价格以外,虚拟机的性能也是各大厂商的角逐之地,无论是在防 DDoS 攻击上,还是在可用性及各项配置上,各大厂商都使出了浑身解数。目前,业内大部分云厂商都可实现虚拟机配置自定义的功能,并结合时下热门的人工智能、深度学习、FPGA 等技术来升级服务器性能。

3. 云计算技术将带动人工智能、物联网、区块链相关技术

人工智能、物联网、区块链技术和应用的开发、测试、部署较为复杂,门槛仍然较高。云计算具有资源弹性伸缩、成本低、可靠性高等优势,提供人工智能、物联网、区块链技术服务,可以帮助企业快速、低成本地开发部署相关内容,促进技术成熟。目前,各大公有云服务提供商均提供与人工智能、物联网、区块链有关的云计算服务。随着人工智能、物联网、区块链技术逐步走向应用,将有更多的云计算企业推出区块链相关的产品和服务。

4. 容器技术应用将更为普及

容器服务具有部署速度快、开发和测试更敏捷、系统利用率高、资源成本低等优势,随着容器技术的成熟和接受度越来越高,容器技术将更加广泛地被用户采用。谷歌的 Container Engine、AWS 的 Elastic Container Service、微软的 Azure Container Service 等容器技术日臻成熟,容器集群管理平台也更加完善,以 Kubernetes 为代表的各类工具可以帮助用户实现网络、安全与存储功能的容器化转型。从国内看,各家公司积极实践,用户对于容器技术的接受度得到提升,根据调研机构数据,近 87% 的用户表示考虑使用容器技术。

5. 全球云计算服务市场呈现寡头垄断趋势

据 Garter 发布的 2016 年全球公有云市场份额报告显示,在全球云计算市场,行业领导者亚马逊 AWS、微软 Azune 和阿里云位列全球前三,其市场份额均得到持续扩大。阿里云是该榜单中唯一的中国企业,在公有云市场份额再次超越谷歌,稳居全球云计算前三。据 Garter 统计,阿里云的全球市场份额从 2016 年的 30% 扩大到 2017 年的 37%,增速为 6.7%。第四名谷歌的市场份额 2.8%,增速为 56%,与阿里云的市场差距有所扩大。AWS、Azure、阿里云合计占据全球 IaaS 市场的 66.5%,其市场份额依旧在快速增长。而前四名之外的其他云计算厂商的份额均出现了不同比例的萎缩。

1.2.5　主流云平台产品

传统的数据中心由若干个局域网、一定数量的服务器、若干存储设备、一些负载均衡器、入侵检测设备、域名服务、数据库服务、DNS 服务、DHCP 服务、邮箱系统、门户网站、目录服务、用户身份认证和权限管理服务、文件服务、虚拟办公桌面等组成。如果一家云服务公司能全面接管一家企业的数据中心,而这家企业只需摆放云终端和出口宽带设备,那么这家云服务公司的产品线是最全面的。

截至 2015 年,云服务提供商以美国企业为主。中国云服务提供商发展迅速,绝大多数的云服务提供商提供 IaaS 和 PaaS 类型的云服务,而紧贴人们生活的 SaaS 类云应用不多。下面简单介绍一下目前一些典型的云服务提供商。

1. 亚马逊 AWS

亚马逊云计算全称为亚马逊网络服务(Amazon web services,AWS),它提供了一系列全面的 IaaS 和 PaaS 服务,其中最有名的服务包括:弹性计算云(elastic compute cloud,EC2)服务、简单存储服务、弹性块存储服务、关系型数据库服务和 NoSQL 数据库,同时还提供与网络、数据分析、机器学习、物联网、移动服务、开发、云管理、云安全等有关的云服务,亚马逊 AWS 层次分布如图 1-4 所示。

2. 微软 Azure

总体来看,目前微软的云计算发展最为迅速,其推出的首批 SaaS 产品包括 Dynamics CRM Online、Exchange Online、Office Communications Online 以及 SharePoint Online,每种产品都有多客户共享版本,主要服务对象是中

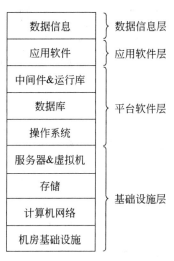

图 1-4　亚马逊 AWS

11

小型企业。微软还针对普通用户提供包括 Windows Live、Office Live、Xbox Live 等的在线服务。微软 Azure 云服务产品线如图 1-5 所示。

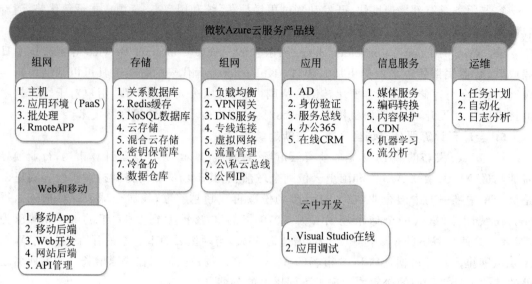

图 1-5　微软 Azure

3. 谷歌云平台

谷歌围绕因特网搜索创建了一种超动力商业模式,如今,他们又以应用托管、企业搜索以及其他更多形式向企业开放了他们的"云"。谷歌的应用软件引擎(Google App Engine,GAE)让开发人员可以编译基于 Python 的应用程序,并免费使用谷歌的基础设施来进行托管(最高存储空间达 500MB)。谷歌公司的云计算服务产品线有其特色,如翻译、大数据、Bigtable 等,如图 1-6 所示。

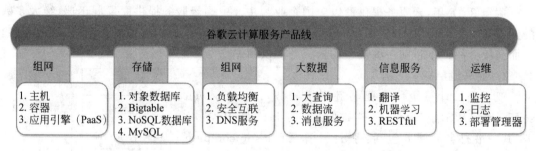

图 1-6　谷歌云平台

4. 阿里云服务引擎

阿里云服务引擎(Aliyun cloud engine,ACE)是一个基于云计算基础架构的网络应用程序托管环境,可以帮助开发者简化网络应用程序的构建和维护工作,并能根据应用访问量和数据存储的增长量进行扩展。另外,阿里云以一个数据中心的平面示意图来标注各个产品的作用和关系(见图 1-7),从而使用户能轻松理解并购买适合自己需求的云服务。

5. 华为云

FusionCloud 是华为公司推出的融合云计算服务,旨在实现不同厂家的硬件资源池、计

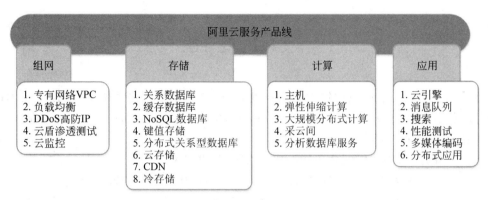

图 1-7　阿里云服务

算架构、存储架构、网络架构的融合,并实现固定与移动融合的云接入。

FusionCloud 可以针对企业的不同应用场景提供完整高效、易于构建且开放的云计算解决方案,包括弹性化、自动化的基础设施,按需服务的模式以及更便捷的 IT 服务。通过整合 OpenStack 开源云平台技术,FusionCloud 能最大限度地实现云平台的开放性,帮助企业和服务供应商建立并管理私有云、公有云和混合云中的各项服务。华为云服务产品线如图 1-8 所示。

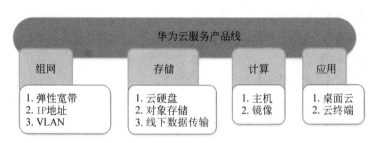

图 1-8　华为云服务

6. 腾讯云

腾讯云跟微信对接有天然优势,目前用户主要以游戏应用为主。腾讯云服务器使用公共平台操作系统,团队完全负责云主机的维护,并提供丰富配置类型虚拟机,用户可以便捷地进行数据缓存、数据库处理与搭建 Web 服务器等工作。腾讯对游戏和移动应用类客户提供了较强的扶持政策,比较适合这类型的客户使用。

7. 百度应用开放平台

百度应用开放平台(Baidu App Engine)是以用户需求为导向,以创新的“框计算”技术和全开放机制为基础,为广大应用开发者及运营商提供的开放式技术对接通道。不仅为用户实现了“即搜即用、即搜即得”的全新搜索体验,也为平台合作者提供了展现自身应用的便捷接口。

目前百度应用开放平台已正式对外开放,包括游戏、视频、音乐、阅读、工具、生活等各类Web App 应用均可申请合作。

项 目 总 结

本项目主要介绍了虚拟化技术的基本概念、虚拟化技术的体系架构、虚拟化技术的分类,以及常用的虚拟化软件,还对目前一些主流的虚拟化技术及产品进行了简要介绍,最后简要叙述了虚拟化技术的发展前景。

在虚拟化之后,加入了部分云计算技术的知识,讲述了云计算概念、云计算的架构、云技术的部署方式以及未来的发展趋势,最后还介绍了当前比较主流的云平台产品。

本项目从基础知识入手,并逐步加深,最后落实到实际的技术产品。云计算和虚拟化是两种结合十分紧密的技术,虚拟化的下一步就是云化,但是云又不一定完全依靠虚拟化。

拓 展 练 习

1. 什么是虚拟化?
2. 简要叙述虚拟化的分类。
3. 列举常用的虚拟化平台。
4. 什么是云计算?
5. 简单描述云计算架构。
6. 云计算有哪几种部署模式?

项目 2　Windows 虚拟化技术实践

现在提起 Windows 虚拟化技术，一般是指 Hyper-V 虚拟化技术，是微软公司推出的新一代虚拟机软件，是基于云计算的设计理念，功能更加强大。

本项目重点讲解 Hyper-V 的发展及背景，在 Windows 2012 下部署 Hyper-V，以及如何使用 Hyper-V 创建虚拟机并管理虚拟机。

项目目标

1. 知识目标

➢ 了解 Windows 虚拟化的概念。

➢ 了解 Hyper-V 的背景及发展。

➢ 了解 Hyper-V 的功能特性。

➢ 了解 Hyper-V 的体系架构。

➢ 了解 Hyper-V 的安装方法。

2. 能力目标

➢ 能描述 Hyper-V 的功能特性。

➢ 能在 Windows 2012 R2 系统下部署 Hyper-V。

➢ 能使用 Hyper-V 创建虚拟机。

➢ 能使用 Hyper-V 管理虚拟机。

任务 2.1　了解 Hyper-V

本任务通过讲解 Hyper-V 的概念、发展历程、功能特性和系统架构，让读者对 Hyper-V 有一个总体的了解，为下一步部署 Hyper-V 虚拟化平台和部署虚拟机打下基础。

2.1.1　Hyper-V 概述

Hyper-V 虚拟化平台是微软公司继 VPC 之后推出的新一代虚拟机软件，它的设计与 VPC 截然不同，是基于云计算的设计理念，功能更加强大。

新的 Windows Server 2012 云操作系统发行时，其中便包含了 Hyper-V 虚拟化平台功能的免费版本——Windows Hyper-V Server 2012。Hyper-V Server 2012 是 Windows Server 2012 中的一个功能组件，可以提供虚拟化平台的基本功能，让用户能够实现服务器向云端迁移。

Hyper-V 实际上已经发布了三个版本。其中，Hyper-V 1.0 对应的是 Hyper-V Server

2008，包含在 Windows Server 2008 内；Hyper-V 2.0 对应的是 Hyper-V Server 2008 R2，包含在 Windows Server 2008 R2 内；Hyper-V 3.0 对应的是 Hyper-V Server 2012，包含在 Windows Server 2012 内。

2.1.2　Hyper-V 的功能特性

Hyper-V 具有大规模部署和高性能特性，主机支持高达 320 个逻辑处理器、4TB 内存、1024 台 VM 虚拟机，其中每台 VM 虚拟机最多支持 64 个虚拟机处理器、1TB 内存、2TB（采用 VHD 虚拟硬盘格式）/64TB（采用 VHDX 虚拟硬盘格式）的虚拟硬盘空间、4 个 IDE 硬盘、256 个 SCSI 硬盘、12 个网卡以及最多 50 个快照。

Windows Server 2012 很好地支持了虚拟平台的可扩展性和性能，使有限的资源能借助 Hyper-V 更快地运行更多的工作负载，并能够帮助用户卸载特定的软件。通过 Windows Server 2012 可以生成一个高扩展的环境，该环境可以根据客户需求适应最优级别的平台。

Hyper-V 可实时迁移虚拟机的任何部分，不论是否需要高可用性都可以选择。云计算的优势就是在满足客户需求的同时，最大限度地实现灵活性。当虚拟机迁移到云中时，Hyper-V 网络虚拟化保持本身的 IP 地址不变，同时提供与其他组织虚拟机的隔离性，即使虚拟主机使用相同的 IP 地址，Hyper-V 也提供可扩展的交换机，通过该交换机可以实现多租户的安全性和隔离选项、流量模型和网络流量控制，内置防范恶意虚拟机的安全保护机制、服务质量、带宽管理，以提高虚拟环境的整体表现和资源使用量，同时使计费更加详细准确。

2.1.3　Hyper-V 的系统架构

Hyper-V 采用微内核的架构，兼顾了安全性和性能的要求。Hyper-V 底层的 Hypervisor 运行在最高的特权级别下，微软将其称为 ring 1（而 Intel 则将其称为 root mode），而虚拟机的 OS 内核和驱动运行在 ring 0，应用程序运行在 ring 3 下，这种架构就不需要采用复杂的 BT（二进制特权指令翻译）技术，可以进一步提高安全性。

由于 Hyper-V 底层的 Hypervisor 代码量很小，不包含任何第三方的驱动，非常精简，所以安全性更高。Hyper-V 采用基于 VMbus 的高速内存总线架构，来自虚拟机的硬件请求（显卡、鼠标、磁盘、网络），可以直接经过 VSC，通过 VMbus 总线发送到根分区的 VSP。VSP 调用对应的设备驱动，直接访问硬件，中间不需要 Hypervisor 的帮助。

这种架构效率很高，不像 Virtual Server 每个硬件请求都要经过用户模式、内核模式的多次切换转移。而且 Hyper-V 可以支持 Virtual SMP，Windows Server 2008 虚机最多可以支持 4 个虚拟 CPU；而 Windows Server 2003 最多可以支持 2 个虚拟 CPU。每个虚机最多可以使用 64GB 内存，而且还可以支持 X64 操作系统。

Hyper-V 可以很好地支持 Linux，可以安装支持 Xen 的 Linux 内核，这样 Linux 就可以知道自己运行在 Hyper-V 上。还可以安装专门为 Linux 设计的 Integrated Components，其中包含磁盘和网络适配器的 VMbus 驱动，这样 Linux 虚拟机也能获得高性能。

这对于采用 Linux 系统的企业来说是一个有利条件，这样就可以把所有的服务器，包括 Windows 和 Linux，全部统一到最新的 Windows Server 2012 平台下，可以充分利用 Windows Server 2012 带来的最新高级特性，而且还可以保留原来的 Linux 关键应用不会受到影响。

　　Hyper-V 可以采用半虚拟化(Para-virtualization)和全虚拟化(Full-virtualization)两种模拟方式创建虚拟机。半虚拟化方式要求虚拟机与物理主机的操作系统相同,以使虚拟机达到高的性能;全虚拟化方式要求 CPU 支持全虚拟化功能(如 Inter-VT 或 AMD-V),以便能够创建使用不同的操作系统(如 Linux 和 Mac OS)的虚拟机。

　　从架构上讲,Hyper-V 只有硬件、Hyper-V、虚拟机三层,本身非常小巧,代码简单,且不包含任何第三方驱动,所以安全可靠,执行效率高,能充分利用硬件资源,使虚拟机系统性能更接近真实系统性能。

任务 2.2　安装 Hyper-V

　　本任务通过讲解详细步骤,给读者阐述如何在 Windows Server 2012 R2 下安装 Hyper-V 虚拟化平台。通过学习,读者可以独立完成 Windows 平台下 Hyper-V 的部署,实现 Windows 虚拟化技术。

　　Hyper-V 的安装方式不同于其他虚拟化内核的安装方式,首先需要在 Windows 操作系统控制面板的程序与功能中开启 Hyper-V 功能;其次如同 Windows Server 的其他服务一样,在服务器管理器中添加 Hyper-V 服务。

　　下面介绍 Hyper-V 的安装步骤。

　　(1)登录系统后,在 Windows Server 2012 桌面打开"开始"菜单,单击"服务器管理器"图标,如图 2-1 所示。

图 2-1　Windows Server 2012 开始桌面

　　(2)单击"服务器管理器"图标,打开服务器管理器主窗口,然后单击"添加角色和功能",启动添加角色向导,如图 2-2 所示。

图 2-2　服务器管理器仪表盘

　　（3）在添加角色向导的"开始之前"界面，请确认以下内容：Administrator 账号密码是否为强密码，网卡是否已经设置了静态 IP 地址，Windows Update 是否都已更新完毕。确认无误后，单击"下一步"按钮，如图 2-3 所示。

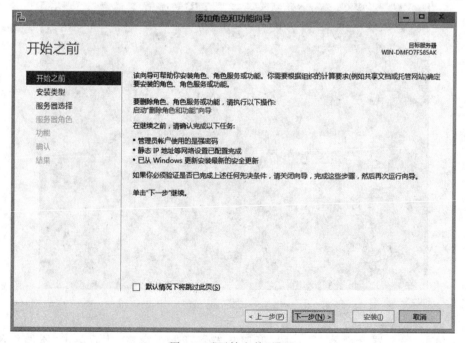

图 2-3　"开始之前"界面

（4）在"选择安装类型"界面，选中"基于角色或基于功能的安装"单选按钮，然后单击"下一步"按钮，如图 2-4 所示。

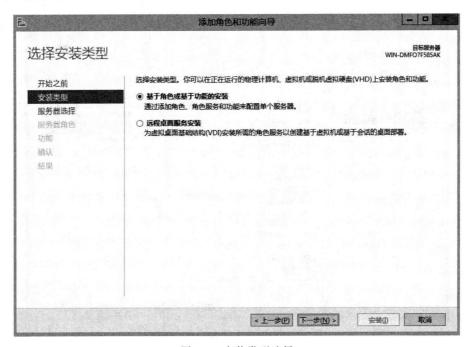

图 2-4　安装类型选择

（5）在"选择目标服务器"界面，单击需要安装的服务器，然后单击"下一步"按钮，如图 2-5 所示。

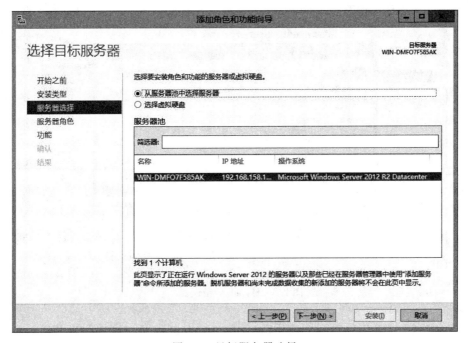

图 2-5　目标服务器选择

19

（6）在"选择服务器角色"界面，选中服务器角色 Hyper-V，再单击"下一步"按钮，如图 2-6 所示。

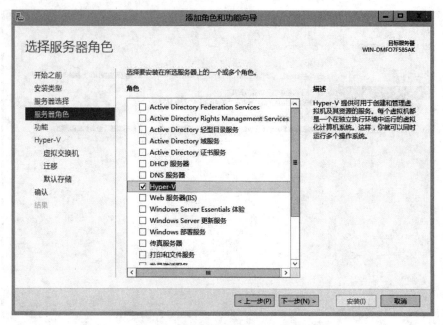

图 2-6　选择服务器角色 Hyper-V

此处如果出现如图 2-7 所示的错误信息，需要做如下检查。

图 2-7　Hyper-V 错误提示

　　一是检查 CPU 虚拟化功能是否开启；二是找到虚拟机安装目录下的 Windows Server 的 VMX 文件，用记事本打开，在末尾添加如下代码，并重新启动虚拟机。

```
hypervisor.cpuid.v0 = "FALSE"
mce.enable = "TRUE"
```

（7）在 Hyper-V 简介界面，"注意事项"包括两项内容，单击"下一步"按钮，如图 2-8 所示。

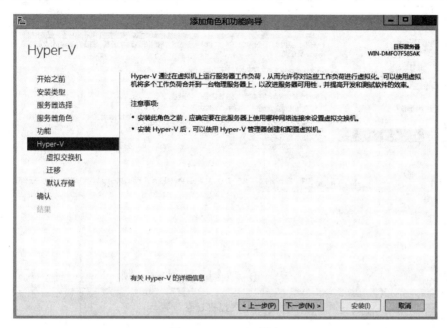

图 2-8　Hyper-V 简介

（8）在"创建虚拟交换机"界面，使用主板集成的网卡创建第一组虚拟网络，单击"下一步"按钮，如图 2-9 所示。

图 2-9　创建虚拟交换机设置

（9）在"虚拟机迁移"界面，使用默认选项，单击"下一步"按钮，如图 2-10 所示。

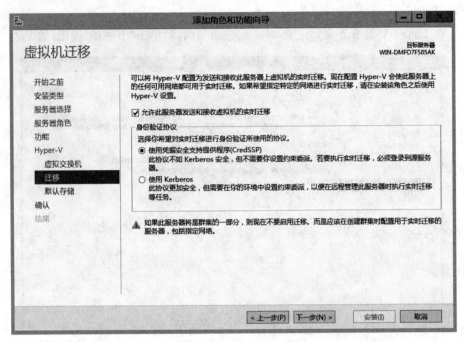

图 2-10　虚拟机迁移设置

（10）在"默认存储"界面，使用默认选项，单击"下一步"按钮，如图 2-11 所示。

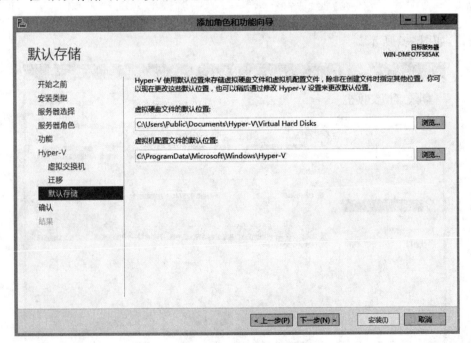

图 2-11　默认存储位置修改

（11）在"确认安装所选内容"界面，可以查看安装角色是 Hyper-V，单击"安装"按钮，如图 2-12 所示。

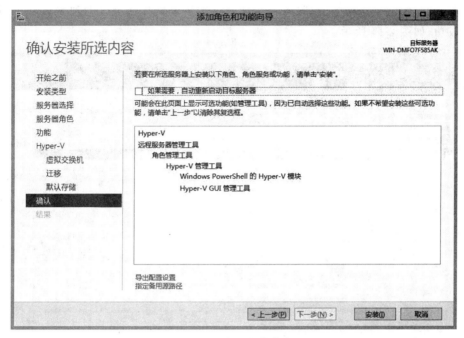

图 2-12　确认安装信息

（12）在"安装进度"界面，显示了 Hyper-V 服务目前安装的进度，第一阶段安装结束之后需要重启系统，单击"关闭"按钮，如图 2-13 所示。

图 2-13　安装进度

（13）单击桌面的"开始"按钮，选择重新启动系统。重启系统后，Hyper-V 会自动继续安装。单击"开始"按钮，再单击"服务器管理器"，在管理器界面可以看到 Hyper-V 服务已经安装成功，如图 2-14 所示。

图 2-14　安装完成

任务 2.3　创建虚拟机

本任务以在 Hyper-V 下部署 Windows 7 操作系统为例，通过分解在 Hyper-V 下创建虚拟机的详细步骤，给读者详细讲解如何使用 Hyper-V。

具体操作步骤如下。

（1）在部署虚拟机之前，首先要准备好 Windows 7 的映像文件 ISO。该映像文件可以通过工具直接上传到虚拟机 Windows 2012 操作系统下，或者直接将 ISO 映像文件挂载到虚拟机的光驱下。

（2）打开 Hyper-V 管理器，在 Windows 2012 系统的桌面单击"开始"按钮，打开"服务器管理器"→"Hyper-V 管理器"，启动 Hyper-V 管理器，如图 2-15 所示。

（3）在管理器主界面的服务器名字上右击，选择"新建"命令，进入新建虚拟机向导，如图 2-16 所示。在新建虚拟机向导的"开始之前"界面中如果单击"完成"按钮，就是以默认的设置创建虚拟机，这里以自定义的方式定义各个步骤的参数，所以需要单击"下一步"按钮。

（4）在"指定名称和位置"界面，可以指定虚拟机的名称，并且指定存放的位置（其所处的文件夹），再单击"下一步"按钮，如图 2-17 所示。

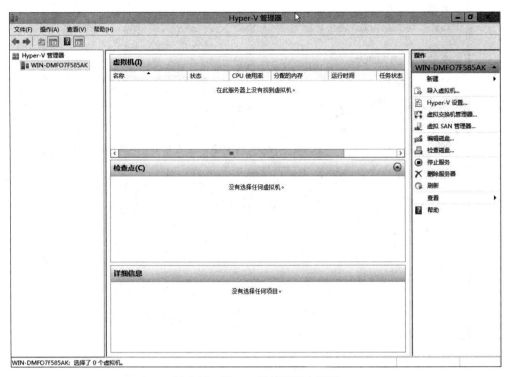

图 2-15 Hyper-V 管理器主界面

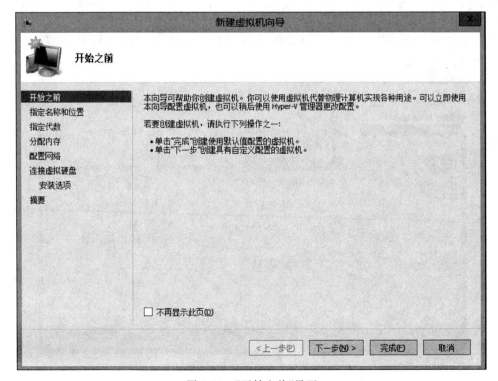

图 2-16 "开始之前"界面

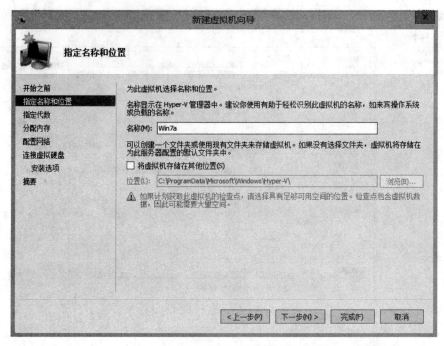

图 2-17　指定虚拟机的名称和位置

（5）在"指定代数"界面，可以指定创建的虚拟机是第一代还是第二代。如果无须与以前的虚拟机保持一致，则选择功能更强大的第二代，单击"下一步"按钮，如图 2-18 所示。

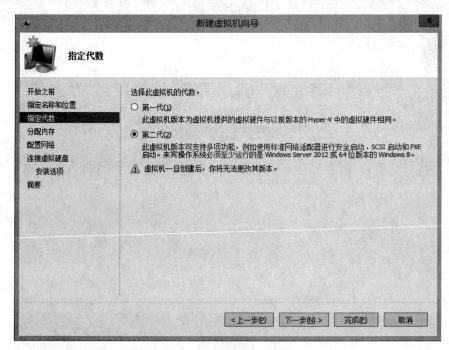

图 2-18　指定虚拟机的代数

（6）在"分配内存"界面，可以指定 32MB 到 61404MB 的内存，但需要考虑物理内存的大小及实际需要，此处可填 512，单击"下一步"按钮，如图 2-19 所示。

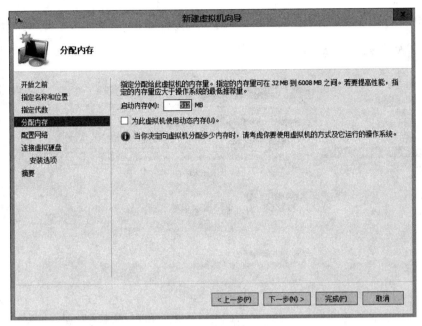

图 2-19　分配虚拟机内存

（7）在"配置网络"界面，可以指定连接至哪组虚拟网络。如果尚未设置专用虚拟网络，可以在"连接"下拉列表框中选择"未连接"选项，创建好虚拟机之后再进行设置即可。单击"下一步"按钮，如图 2-20 所示。

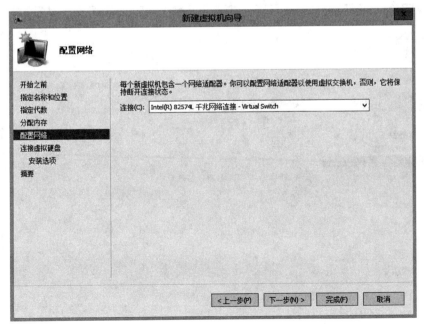

图 2-20　配置虚拟机网络

（8）在"连接虚拟硬盘"界面，可以指定存储空间，也可以稍后修改虚拟机属性来配置存储空间，单击"下一步"按钮，如图 2-21 所示。

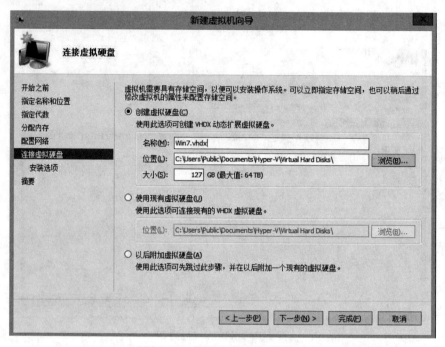

图 2-21　设置虚拟磁盘（硬盘）

（9）在"安装选项"界面，单击"浏览"按钮，选择准备好的光盘映像文件 cn_win7_x64.iso，单击"下一步"按钮，或者选择"以后安装操作系统"，如图 2-22 所示。

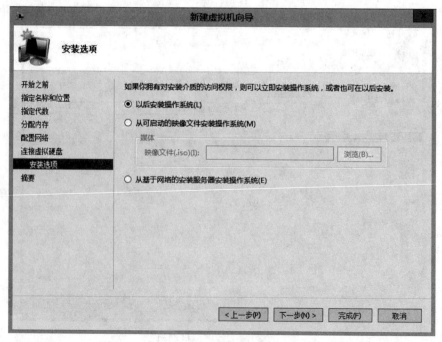

图 2-22　安装选项

（10）在"摘要"界面,展示待创建虚拟机的基本情况,确认要创建虚拟机,单击"完成"按钮,开始安装虚拟机,如图 2-23 所示。Windows 7 操作系统的详细安装过程不再介绍。

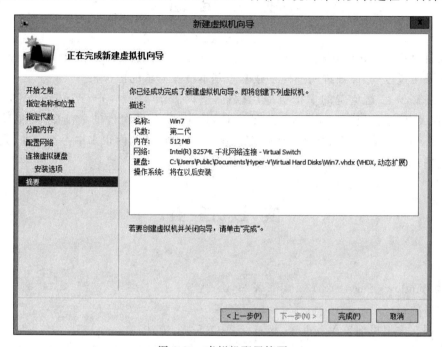

图 2-23　虚拟机配置摘要

（11）此时管理器窗口中间的虚拟机栏目出现一个新的虚拟机,名称为 Win7,即安装成功的虚拟机,如图 2-24 所示。

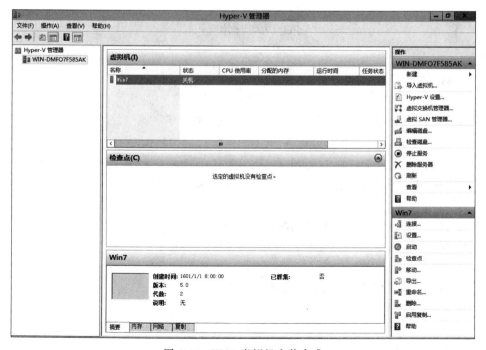

图 2-24　Win7 虚拟机安装完成

项 目 总 结

本项目介绍了 Microsoft Hyper-V 的概况、功能特性、系统架构,并阐述了 Hyper-V 服务器安装及配置过程,详细说明如何创建基于基本配置需求的虚拟机。

Hyper-V 2012 是免费的虚拟机应用软件,它内置于 Microsoft Windows Server 2012 中,功能强大,使用方便。Hyper-V 3.0 是目前 Hyper-V 免费组件的最高版本,借助功能强大的 Windows Server 平台,能满足中小型企业应用需要,是国内很多中小型企业、公司的首选虚拟机平台。

实 践 任 务

实验名称:

通过 Windows Server 2012 R2 部署 Hyper-V。

实验目的:

- 掌握在虚拟机部署 Windows Server 2012 R2 的方法。
- 掌握在 Windows Server 2012 R2 下部署 Hyper-V 的方法。

实验内容:

参考任务 2.2 完成 Hyper-V 的部署。

拓 展 练 习

一、选择题

1. (单项选择) Microsoft Hyper-V 发布的版本是(　　)。
   A. 1　　　　　　　　B. 2　　　　　　　　C. 3　　　　　　　　D. 4

2. (单项选择) Microsoft Hyper-V 采用的系统统架构是(　　)。
   A. Hybrid　　　　　B. Type1　　　　　　C. Type2　　　　　　D. Type3

3. (多项选择)下列选项适合描述 Type1 架构的是(　　)。
   A. 服务器的 CPU 必须支持虚拟化
   B. HostOS 是其中重要的组成部分
   C. 虚拟机操作系统访问硬件的性能大大提升
   D. Hypervisor 是其中的核心,处于虚拟机和硬件之间

4. (多项选择)下列说法不正确的是(　　)。
   A. Hyper-V 的系统架构中有两种模式和两种分区
   B. 用户模式中子分区安装 Guest Host 主机,为父分区提供服务
   C. 用户模式是基于内核模式的支持而表征于外部的工作模式

D. 内核模式是 Windows 操作系统内核与计算机硬件的协同工作模式,为用户模式
提供服务

二、简答题

1. 简述 Hyper-V 系统架构。

2. 简述在 Windows Server 2012 R2 下如何部署 Hyper-V。

项目 3　Linux 虚拟化技术 KVM

本项目通过在 VMware Workstation 下部署 CentOS 7 可视化系统,安装 KVM(kernel-based virtual machine,基于 Linux 内核的虚拟机)虚拟化组件,讲解在可视化图形界面下部署 KVM 虚拟机的过程,以及 KVM 相关命令及应用方法。

本项目重点掌握 KVM 虚拟化组建的部署以及虚拟机的创建,了解常用的 KVM 命令。

 **项目目标**

1. 知识目标

➢ 了解 CentOS 7 图形化界面的部署方法。

➢ 了解 KVM 的组成和作用。

➢ 了解 KVM 的技术架构。

➢ 了解 KVM 的安装方法。

➢ 了解 KVM 创建虚拟机的方法。

➢ 了解 KVM 的常用管理命令。

2. 能力目标

➢ 能部署图形化界面的 CentOS 7 操作系统。

➢ 能在图形化界面下安装 KVM。

➢ 能使用 KVM 虚拟化组件进行虚拟化操作。

➢ 能使用 KVM 命令管理 KVM 虚拟机。

任务 3.1　KVM 简介

本任务通过讲解 KVM 的技术概况以及技术架构进行分析,详细介绍了 KVM 虚拟化组件的发展背景和技术要求,使读者对 KVM 虚拟化组件有一个总体上的认识,为进一步学习 KVM 虚拟化组件的安装、应用打下基础。

3.1.1　KVM 概况

KVM 是第一个成为原生 Linux 内核(2.6.20)的 Hypervisor,它是由 Avi Kivity 开发和维护的,现在归 Red Hat 所有,支持的平台有 AMD 64 架构和 Intel 64 架构。在 RHEL 6 以上的版本中,KVM 模块已经集成在内核里面。其他的一些发行版的 Linux 同时也支持 KVM,只是没有集成在内核里面,需要手动安装 KVM 才能使用。

3.1.2　KVM 对于计算机硬件的要求

CentOS 操作系统下 KVM 虚拟化的启用条件：CPU 需要 64 位，支持 Inter VT-x(指令集 vmx)或 AMD-V(指令集 svm)的辅助虚拟化技术。

在后续的实验中，我们将在 VMware Workstation 软件中开启嵌套的 CPU 硬件虚拟化功能，即在虚拟机中启用 CPU 的硬件虚拟化，以保证在虚拟机中也可以完成虚拟化实验。

3.1.3　KVM 架构分析

1. KVM 的架构

在 CentOS 7 中，KVM 是通过 libvit api、libvirt tool、virt-manager、virsh 这 4 个工具来实现对 KVM 的管理。

在 CentOS 7 中，KVM 可以运行 Windows、Linux、UNIX、Solaris 系统。KVM 是作为内核模块实现的，因此 Linux 只要加载该模块，就会成为一个虚拟化层 Hypervisor。可以简单地认为，一个标准的 Linux 内核，只要加载了 KVM 模块，这个内核就成为一个 Hypervisor。但是仅有 Hypervisor 是不够的，毕竟 Hypervisor 还是内核层面的程序，还需要把虚拟化在用户层面体现出来，这就需要一些模拟器来提供用户层面的操作，如 qemu-kvm 程序。

每个 Guest(通常我们称为虚拟机，下同)都是通过/dev/kvm 设备映射的，它们拥有自己的虚拟地址空间，该虚拟地址空间映射到 host 内核的物理地址空间。KVM 使用底层硬件的虚拟化支持来提供完整的(原生)虚拟化。同时，Guest 的 I/O 请求通过主机内核映射到在主机上(Hypervisor)执行的 QEMU 进程。换言之，每个 Guest 的 I/O 请求都是交给/dev/kvm 这个虚拟设备，然后/dev/kvm 通过 Hypervisor 访问到 Host 底层的硬件资源，如文件的读/写，网络发送和接收等。KVM 虚拟化系统总体架构如图 3-1 所示。

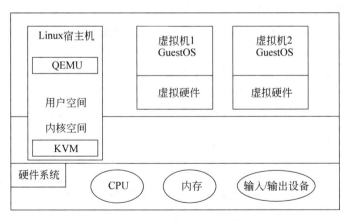

图 3-1　KVM 虚拟化系统总体架构

2. KVM 的组件

KVM 由以下两个组件实现。

第一个是可加载的 KVM 模块。当 Linux 内核安装该模块之后，它就可以管理虚拟化硬件，并通过/proc 文件系统公开其功能，该功能在内核空间实现。

第二个组件用于平台模拟，它是由修改版 QEMU 提供的。QEMU 作为用户空间进程执行，并且在 Guest 请求方面与内核协调，该功能在用户空间实现。

当新的 Guest 在 KVM 上启动时（通过一个称为 KVM 的实用程序），它就成为宿主操作系统的一个进程，因此就可以像其他进程一样调度它。但与传统的 Linux 进程不一样，Guest 被 Hypervisor 标识为处于"来宾"模式（独立于内核和用户模式）。每个 Guest 都是通过/dev/kvm 设备映射的，它们拥有自己的虚拟地址空间，该空间映射到主机内核的物理地址空间。

3. libvirt 组件、QEMU 组件与 virt-manager 组件

libvirt 是一个软件集合，便于使用者管理虚拟机和其他虚拟化功能，如存储和网络接口管理等；KVM 的 QEMU 组件用于平台模拟，它是由修改版 QEMU 提供的，类似 vCenter，但功能没有 vCenter 那么强大。可以简单地理解为 libvirt 是一个工具的集合箱，用来管理KVM，面向底层管理和操作；QEMU 是用来进行平台模拟的，面向上层管理和操作。

主要组件包介绍如下。

qemu-kvm 包：仅仅安装 KVM 还不是一个完整意义上的虚拟机，只是安装了一个Hypervisor，类似于将 Linux 系统转化成 VMware ESXi 产品的过程。该软件包必须安装一些管理工具软件包配合才能使用。

python-virtinst 包：提供创建虚拟机的 virt-intsall 命令。

libvirt 包：libvirt 是一个可与管理程序互动的 API 程序库。libvirt 使用 xm 虚拟化构架以及 virsh 命令行工具管理和控制虚拟机。

libvirt-python 包：libvirt-python 软件包中含有一个模块，它允许由 Python 编程语言编写的应用程序使用。

virt-manager 包：virt-manager 也称为 Virtual Machine Manager，它可为管理虚拟机提供图形工具，使用 libvirt 程序库作为管理 API。

4. KVM 所有组件的安装方法

在已经安装好的 CentOS 7 系统中，如果没有包含虚拟化功能，可以在配置好 yum 的情况下，使用"yum install qemu-kvm virt-manager libvirt libvirt-python python-virtinst libvirt-client -y"完成虚拟化管理扩展包的安装。这些软件包提供非常丰富的工具来管理KVM。有的是命令行工具，有的是图形化工具。

也可以使用 CentOS 中的软件包组进行安装，软件包组名为 Virtulization 及VirtualizationClient。

任务 3.2　在 CentOS 7 图形化界面下安装 KVM

本任务在图形化的 CentOS 7 操作系统下部署安装 KVM 虚拟化组件。围绕虚拟机环境准备、安装虚拟化组件、上传映像文件几个方面进行讲解。

3.2.1　虚拟机环境准备

（1）在 VMware Workstation 中，使用默认配置，新建一台虚拟机，操作系统类型选择

CentOS 7 64 位,虚拟机名称为 KVM。详细虚拟机参数配置如图 3-2 所示。

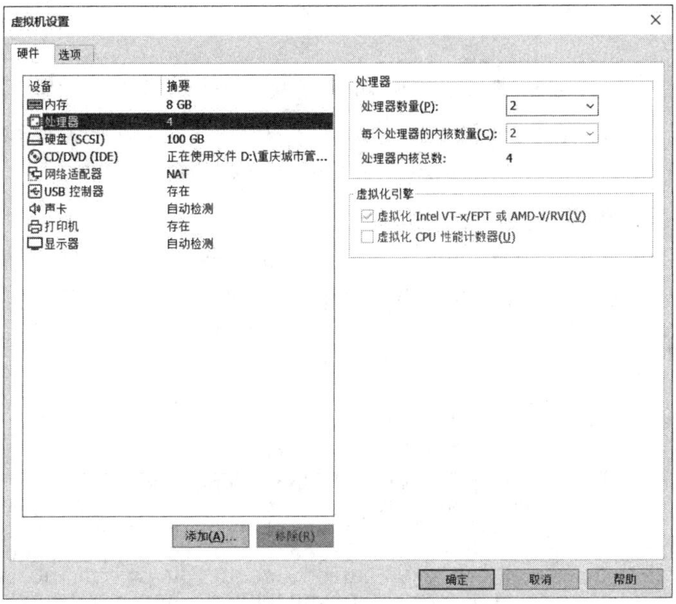

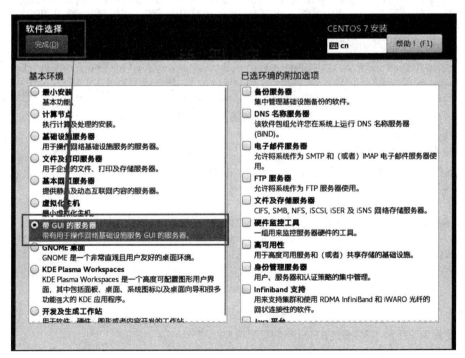

图 3-2 虚拟机参数

(2) 在软件选择阶段,选中"带 GUI 的服务器"选项,如图 3-3 所示。依次采用默认设置完成 CentOS 系统的安装。

图 3-3 选中"带 GUI 的服务器"选项

3.2.2 安装 KVM 虚拟化组件

1. 环境要求

安装 KVM 虚拟组件要求虚拟机能够访问互联网,检测是否能够联网的简单方式是通过 ping www.baidu.com 命令,如果能够 ping 通"百度"网站,则说明虚拟机能够访问互联网;如果不通,则需要确认虚拟机的网络设置(IP 和 DNS 等)。

2. 检测是否支持虚拟化

使用 egrep 'vmx|svm' /proc/cpuinfo 命令,检测当前系统的硬件是否支持虚拟化。如图 3-4 所示表示支持虚拟化;如果不支持虚拟化,则需要先关机,再开启处理器虚拟化,重新启动系统即可完成。

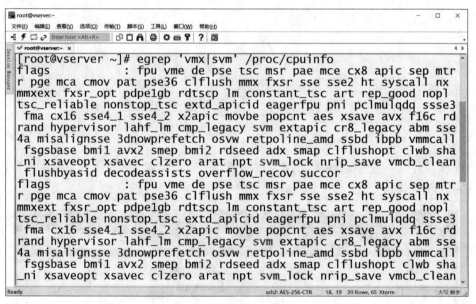

图 3-4　检测是否支持虚拟化

3. 安装 KVM 虚拟化组件

经过以上两步确认虚拟机是否具备安装 KVM 虚拟化组件的基本条件后,执行如下命令,完成 KVM 虚拟化组件的安装。

```
yum -y install libcanberra-gtk2 qemu-kvm.x86_64
qemu-kvm-tools.x86_64 libvirt.x86_64 libvirt-cim.x86_64
libvirt-client.i686 libvirt-java.noarch
libvirt-python-4.5.0-1.el7.x86_64 libiscsi.i686 dbus-devel.i686
virt-clone tunctl virt-manager libvirt libvirt-python
```

此处需要等待 3~5 分钟;如果网络环境不好,甚至需要 10 分钟以上。当出现如图 3-5 所示的界面时,表示 KVM 虚拟化组件安装成功。

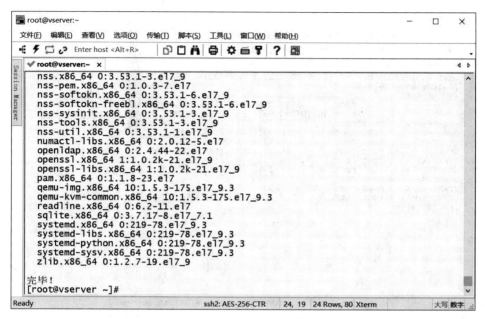

图 3-5　KVM 虚拟化组件安装成功

3.2.3　上传映像到 KVM 宿主机 CentOS 7 中

1. 查看主机 IP 地址

使用 ip a 命令,查看宿主机的 IP 地址,如图 3-6 所示。使用 SecureCRT 软件连接宿主机。

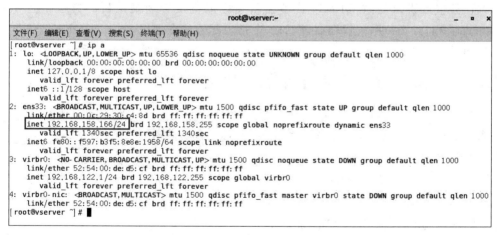

图 3-6　查看宿主机 IP 地址

2. 上传映像

使用 SecureCRT 或其他工具连接并上传映像(CentOS-6.6-x86_64-minimal.iso)到任意位置,比如 root 根目录,如图 3-7 所示。

```
root@vserver:~                                                    —    □    ×
文件(F)  编辑(E)  查看(V)  选项(O)  传输(T)  脚本(S)  工具(L)  窗口(W)  帮助(H)
  ⚡ ▭ ⟲  Enter host <Alt+R>     ▭▭ ⚐ 🖨 ⚙ ▤▼ ?  🖼                    ◀ ▶
 ▼ root@vserver:~  ×                                                        ◀ ▶
Last login: Sun Mar  7 16:59:30 2021 from 192.168.158.1
[root@vserver ~]# ll
总用量 496328
-rw-------. 1 root root       1569 2月  25 11:30 anaconda-ks.cfg
-rw-r--r--. 1 root root 401604608 9月  24 2019  CentOS-6.6-x86_64-minimal.iso
-rw-r--r--. 1 root root       1617 2月  25 11:31 initial-setup-ks.cfg
drwxr-xr-x. 2 root root          6 3月   6 22:55 公共
drwxr-xr-x. 2 root root          6 3月   6 22:55 模板
drwxr-xr-x. 2 root root          6 3月   6 22:55 视频
drwxr-xr-x. 2 root root          6 3月   6 22:55 图片
drwxr-xr-x. 2 root root          6 3月   6 22:55 文档
drwxr-xr-x. 2 root root          6 3月   6 22:55 下载
drwxr-xr-x. 2 root root          6 3月   6 22:55 音乐
drwxr-xr-x. 2 root root          6 3月   6 22:55 桌面
[root@vserver ~]#
Ready                              ssh2: AES-256-CTR   15, 19  24 Rows, 80 Xterm        大写 数字
```

图 3-7　上传映像到 root 根目录下

任务 3.3　在 CentOS 图形化界面下对虚拟机进行管理

本任务重点讲解通过 QEMU 管理器新建虚拟机及管理虚拟机的方法。通过 virt-manager 命令打开虚拟系统管理器,添加一个指定配置的虚拟机,并通过 QEMU 管理器管理创建的虚拟机。

3.3.1　在虚拟系统管理器中添加虚拟机

（1）在 CentOS 中打开终端,在命令行中输入 virt-manager 命令,打开虚拟系统管理器,如图 3-8 所示。

（2）在 虚 拟 系 统 管 理 器 中,右 击 QEMU/KVM 管理器,选择"新建"命令,如图 3-9 所示,出现"新建虚拟机"添加向导。根据指引,完成虚拟机的创建。

（3）选择"本地安装介质（ISO 映像或者光驱）"选项,单击"前进"按钮,如图 3-10 所示。进入定位安装介质界面,如图 3-11 所示,选择上传过的 ISO 映像文件。

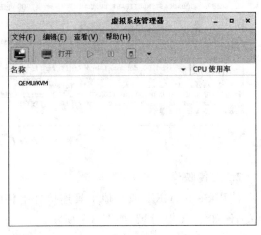

图 3-8　虚拟系统管理器

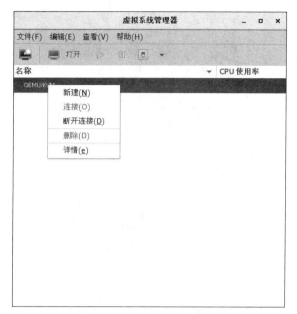

图 3-9 新建虚拟机

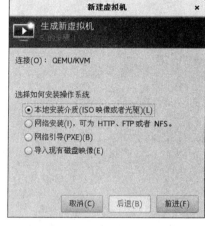

图 3-10 新建虚拟机向导

（4）选择内存和 CPU 设置，设置虚拟机的内存为 1024MB，CPU 设置为 1 个虚拟机 CPU，如图 3-12 所示。单击"前进"按钮，进入下一步。

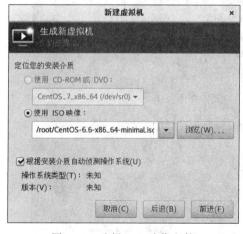

图 3-11 选择 ISO 映像文件

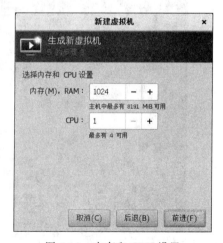

图 3-12 内存和 CPU 设置

（5）设置虚拟机的存储选项，选中"为虚拟机启用存储"选项，存储磁盘映像大小设置为 10.0GiB，如图 3-13 所示。单击"前进"按钮，进入下一步。

（6）此处显示了前几步设置的虚拟机信息的摘要，并可以根据实际情况修改虚拟机名称，这里将虚拟机修改为 kvm1，选择虚拟机网络为"虚拟网络'default'：NAT"，完成后单击"完成"按钮，如图 3-14 所示。紧接着进入 CentOS 6 系统的安装过程，可以完成 CentOS 6 的全部安装流程，如图 3-15 所示。

 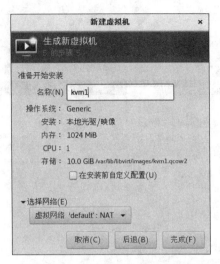

图 3-13　设置虚拟机磁盘存储　　　　　图 3-14　设置虚拟机名称和网络

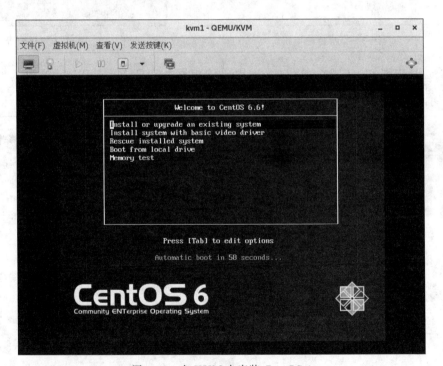

图 3-15　在 KVM 中安装 CentOS 6

3.3.2　虚拟系统的管理

在虚拟机管理器中,选择"编辑"→"连接详情"命令,如图 3-16 所示,可以打开"QEMU/KVM 连接详情"对话框查看 KVM 的使用详情。

该对话框主要包括以下 4 个选项卡。

(1)概述:主要是整个虚拟系统的信息概况显示、监控和统计,如图 3-17 所示。

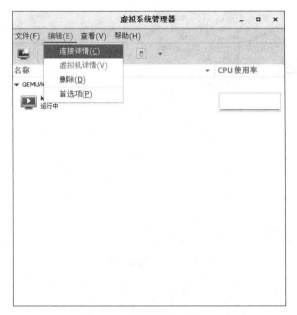

图 3-16　"连接详情"命令

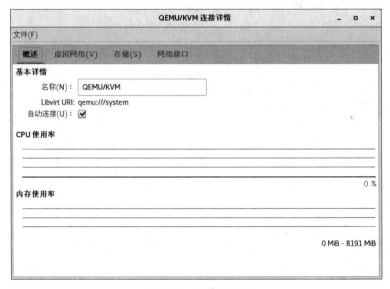

图 3-17　虚拟机概况

（2）虚拟网络：用于设置若干个内部网络的类型。可以实现隔离的内部网络和 NAT 网络两种功能，默认含有一个 default 网络可以实现 NAT 网络转发功能，虚拟机通过该网络可路由到外部网络中，如图 3-18 所示。

（3）存储：主要设置系统的映像存储的位置和显示映像存储的信息，如图 3-19 所示。

（4）网络接口：设置虚拟机的接口信息，使虚拟机通过显示的接口列表连接到相应的网络中，实现网络功能，如图 3-20 所示。

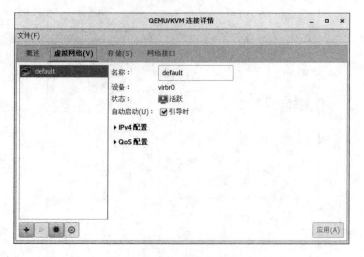

图 3-18　虚拟机的网络

图 3-19　虚拟机的存储

图 3-20　虚拟机的网络接口

任务 3.4　CentOS 下 KVM 的运维命令

根据前面对于 CentOS KVM 虚拟化的讲解,除了 virt-manager 的图形化管理工具管理 KVM 虚拟化之外,还可以使用一系列封装好的管理命令进行管理。为了能够更好地进行管理和运维,系统提供了 virt 命令组、virsh 命令和 qemu 命令组,都可以对虚拟机进行管理和运维。

3.4.1　virt 命令组

virt 命令组提供了如表 3-1 所示的一系列命令对虚拟机进行管理。

表 3-1　virt 命令组明细

命　　令	功　　能
virt-clone	克隆虚拟机
virt-convert	转换虚拟机
virt-host-validate	验证虚拟机主机
virt-image	创建虚拟机映像
virt-install	创建虚拟机
virt-manager	虚拟机管理器
virt-pki-validate	虚拟机证书验证
virt-top	虚拟机监控
virt-viewer	虚拟机访问
virt-what	探测程序是否运行在虚拟机中,是哪种虚拟类型
virt-xml-validate	虚拟机 XML 配置文件的验证

3.4.2　virsh 命令

virsh 命令是 Red Hat 公司为虚拟化技术特意封装的一条虚拟机管理命令,其中含有非常丰富的选项和功能,基本相当于 virt-manager 图形界面程序的命令版本,覆盖了虚拟机生命周期的全过程,在单个物理服务器虚拟化中起到了重要的虚拟化管理作用,同时也为更为复杂的虚拟化管理提供了坚实的技术基础。

使用 virsh 命令管理虚拟机,执行效率高,可以进行远程管理,在 runlevel3 或者在无法调用 X-Window 情况下,使用 virsh 命令能达到高效的管理。同时在实际工作中,virsh 命令还有一个巨大的优势,可以用于管理 KVM、LXC、Xen 等虚拟化方案,并用统一的命令对不同的底层技术实现相同的管理功能。virsh 命令主要按以下 12 个功能进行了参数划分,如表 3-2 所示。

表 3-2　virsh 命令明细

命　令	功　能	命　令	功　能
domain mangement	域管理	node device	节点设备管理
domain monitoring	域监控	secret	安全管理
host and hypervisor	主机和虚拟层	snapshot	快照管理
interface	接口管理	storage pool	存储池管理
network filter	网络过滤管理	storage volume	存储卷管理
networking	网络管理	virsh itself	自身管理

3.4.3　qemu 命令组

　　qemu 是一个虚拟机管理程序,在 KVM 成为 Linux 虚拟化的主流 Hypervisor 之后,底层一般都将 KVM 与 qemu 结合,形成了 qemu-kvm 管理程序,用于虚拟层的底层管理。该管理程序是所有上层虚拟化功能的底层程序。虽然 Linux 系统下几乎所有的 KVM 虚拟化底层都是通过该管理程序实现,但是仍然不建议用户直接使用该命令。CentOS 系统对该命令进行了隐藏,该命令的二进制程序一般放在 usr/libexec/qemu-kvm 下,此处仅列出该命令可以实现的一些底层功能,用于了解虚拟机的底层原理和监控,同样不建议用户直接使用该命令对虚拟机进行管理。qemu 命令组中的命令如表 3-3 所示。

表 3-3　qemu 命令组

命　令	功　能
qemu-kvm	虚拟机管理
qemu-img	映像管理
qemu-io	接口管理

项 目 总 结

　　通过本项目的学习,大家能够掌握 CentOS 7 图形化界面的安装,以及在图形化界面下安装 KVM 虚拟化组件,并通过 KVM 新建虚拟机,安装 CentOS 6 操作系统。还能够使用 virt-manager 虚拟系统管理器和简单的 KVM 命令对虚拟机进行维护。

实 践 任 务

实验名称:
在 CentOS 7 图形化界面下部署 KVM 虚拟化组件。

实验目的：

- 掌握图形化界面下安装 KVM 的方法。
- 掌握图形化界面下部署 KVM 虚拟化组件的方法。

实验内容：

参考任务 3.2 和任务 3.3 完成 KVM 虚拟化组件的部署。

拓 展 练 习

1. 请说明 KVM 虚拟化和其他虚拟化的优缺点分别是什么？请简述 KVM 虚拟化的特点。

2. 简述在图形化界面下部署 KVM 虚拟化组件的步骤。

3. 简述 KVM 三大命令体系的主要命令及功能。

项目 4　私有云盘搭建

云盘(也称网盘)是一种基于云计算的在线存储服务,根据服务用户群体的不同,可以划分为企业网盘和个人云盘。本项目的研究对象限定为向个人消费者提供公有云和私有云服务的云盘产品。

本项目重点讲解云盘的发展历史和现状,以及如何使用 Kod 搭建私有云盘并使用私有云进行文件管理。

 **项目目标**

1. 知识目标

➢ 了解云盘的概念和作用。

➢ 了解云盘的起源和发展现状。

➢ 了解企业网盘和个人云盘的区别。

➢ 了解企业网盘和个人云盘的优点及存在的问题。

2. 能力目标

➢ 能描述云盘的概念和作用。

➢ 能区分企业网盘和个人云盘。

➢ 能够使用 Kod 搭建个人云盘。

➢ 能使用个人云盘进行文件管理

任务 4.1　云盘发展现状分析

本任务通过讲解云盘的发展历程,分析云盘的商业模式以及个人云盘在使用过程中遇到的问题。

4.1.1　传统个人云盘发展历程

在云盘经历关停潮后,传统个人云盘走向个性化服务。行业发展之初,由于用户需求的推动,具备单一存储功能的个人云盘产品出现。在云计算实践不断深入的背景下,以互联网巨头、电信运营商和智能手机厂商为首的三类企业纷纷进入个人云盘领域。众多服务商以免费扩容等手段快速抢占市场,个人云盘产品也因此得到快速普及。2016 年,打击利用云盘传播淫秽色情信息专项整治行动全面展开,加之免费模式难以平衡产品成本,大量服务商选择退出市场,行业进入瓶颈期。随着市场洗牌逐渐完成,个人云盘的商业模式日益清晰,AI 等技术的应用正在为个人云盘的个性化发展注入新的活力。中国个人云盘发展如图 4-1 所示。

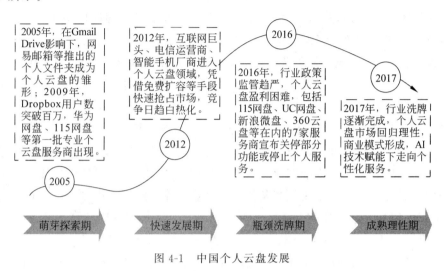

图 4-1　中国个人云盘发展

在经历了 2016 年剧烈的行业洗牌后,目前中国的个人云盘市场已经高度集中。互联网巨头凭借自身流量入口和完备的产品体系,通过提供送出超大存储空间的策略吸引到大量的 C 端用户,占据绝大部分的市场份额;电信运营商基于服务器和带宽资源优势,能够以极低的成本提供云存储服务,拥有大规模潜在用户;手机厂商占据移动终端入口优势,以手机数据备份和换机迁移需求为重点,在个人云盘市场中拥有一席之地。

4.1.2　传统个人云盘商业模式

以免费基础服务获得用户流量,以付费增值服务谋取盈利,传统个人云盘服务商普遍采用以免费基础服务吸引用户,以付费增值服务实现营收的商业模式。在付费功能中,对存储空间、传输速度和文件数量的限制直接影响用户体验,是现阶段传统个人云盘产品中最核心的增值服务内容。比较典型的几个案例就是百度的会员制度和 360 云盘的全面收费。

百度云盘的会员制度:早期所有用户上传、下载均不限速,并赠送巨大的免费存储空间。在培养了大量用户之后,开启了会员制度,对非会员进行限速,很多人为了更好地使用及体验,纷纷开通会员。

360 网盘的全面收费:早期 360 网盘培养用户的思路与百度云盘相似,在积累了大量用户之后,开启了全面收费。

4.1.3　个人云盘使用痛点

传统个人云盘使用痛点一:商业模式相对单一,限制传输速度和文件数量,牺牲用户体验。

早期入场的互联网巨头和电信运营商大多已经向用户提供了 T 级的存储空间,而智能手机厂商在 IaaS 层积累有限,其云盘免费容量普遍偏小,随着用户手机内照片和视频的数量随时间增加,逐渐无法满足用户需要。另外,传输速度慢是现阶段传统个人云盘最主要的使用痛点。服务器存储速率和用户宽带速率决定了个人云盘的理论传输速度,在存储和网络基础设施不断优化的今天已经有了大幅提升。但传统个人云盘商业模式单一,服务商普遍采用限速的方式,人为地降低免费用户的实际传输速度,迫使他们向付费转化。免费用户心理落差过大而怨声载道。类似的,对转存和上传文件数量的限制同样由商业模式所致,牺牲用户体验。

传统个人云盘使用痛点二:用户数据一旦上传,就不再拥有权限。

将个人财产存储在百度、谷歌和微软等第三方提供的服务器上,就像是把你所有的家产搬到了别人的仓库里。如果你已创建并上传了照片、视频或文字,虽然你在技术上还保留着版权,但现实的情况是,同意云盘服务条款通常意味着你已放弃了许多应当拥有的权利。例如,网上流行的照片共享应用程序 Instagram 在被 Facebook 公司收购后,最近就改变了条款,授权自己可将用户上传的照片用于广告营销。

此外,基于云计算的服务有时会故意删除文件。服务商的算法会抓取数据中被认为是非法或色情的文本,他们扔掉你的东西,还不用受罚。然而,如果你想删除自己的文件,却无法保证服务商会真正从其云服务器上删除对应文件。无论何时,你只要将财产交给第三方,就会存在风险,但人们甚至都没有意识到风险是什么,他们这样做只是贪图方便而已。

传统个人云盘使用痛点三:用户数据频频被泄露,用户纷纷表示愤怒及质疑。

“因 5 亿用户数据泄露问题,新浪微博被工信部约谈”“百度网盘的私密文件存在被第三方网盘搜索引擎抓取并公开泄露的隐患”“万豪又有 520 万客人信息被泄露,2 年时间 2 次违规”等事件将让你感受到的恐怕不再是便利,而是身处透明“玻璃房”的不适。

任务 4.2　使用 Kod 搭建私有云盘

本任务重点使读者掌握在 CentOS 7 操作系统下,使用 Kod 搭建私有云盘的方法。通过 Linux 环境准备,LAMP 基础环境部署,Kod 服务器端程序下载,Kod 安装配置及管理几个关键步骤,完成私有云盘的搭建和管理。

4.2.1　准备 Linux CentOS 7 环境

在使用 Kod 搭建私有云盘之前,需要准备好 Linux CentOS 7 环境,要求 4GB 以上内存,200GB 以上硬盘,处理器双核以上,开启虚拟化功能。网络要求能够访问互联网,测试方法为能够通过 ping 命令 ping 通 www.baidu.com 网址。

1. 最小化安装 CentOS 7

（1）打开 VMware Workstation，单击创建虚拟机并选择"典型（推荐）"选项，如图 4-2 所示。

图 4-2　新建典型虚拟机

（2）单击"下一步"按钮，根据向导设置虚拟机，如图 4-3～图 4-8 所示。

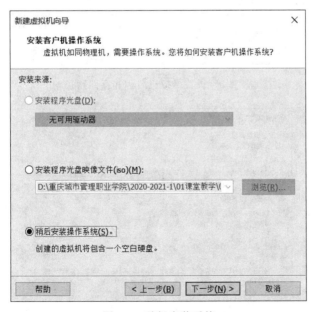

图 4-3　稍候安装系统

49

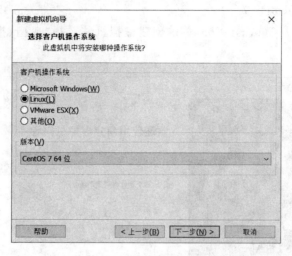

图 4-4　选择操作系统类型

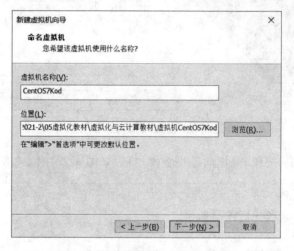

图 4-5　设置虚拟机名称和存储路径

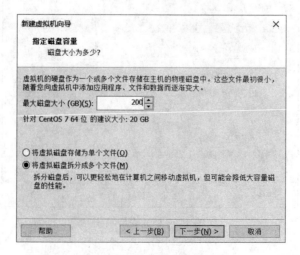

图 4-6　设置虚拟机磁盘大小

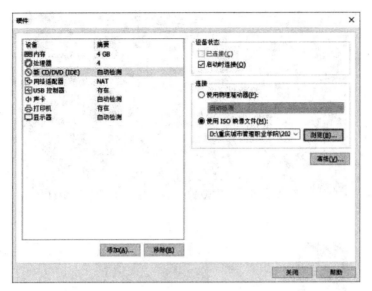

图 4-7　设置 ISO 映像

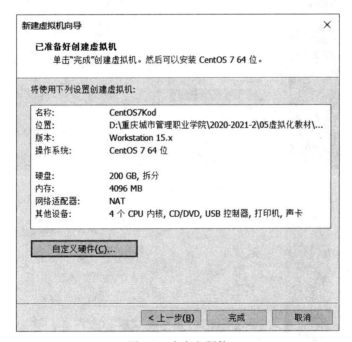

图 4-8　自定义硬件

（3）安装 CentOS 7 操作系统。

参照如下步骤，最小化安装 CentOS 7 操作系统，如图 4-9～图 4-14 所示。

图 4-9　开始安装 CentOS 7

图 4-10　设置语言

图 4-11　设置安装源和软件包

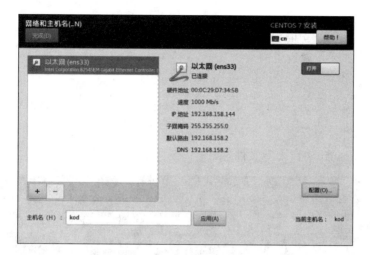

图 4-12　设置网卡

图 4-13　设置 ROOT 密码和创建用户

图 4-14　完成安装

2. 设置网络

如果在安装 CentOS 7 时没有设置网络，网络服务默认是没有开启的。为了能正常使用网络，需要按照如下步骤设置网络。

（1）进入网络设置目录 network-scripts。

参考命令如下：

```
cd /etc/sysconfig/network-scripts
```

查看 network-scripts 目录下文件，如图 4-15 所示。

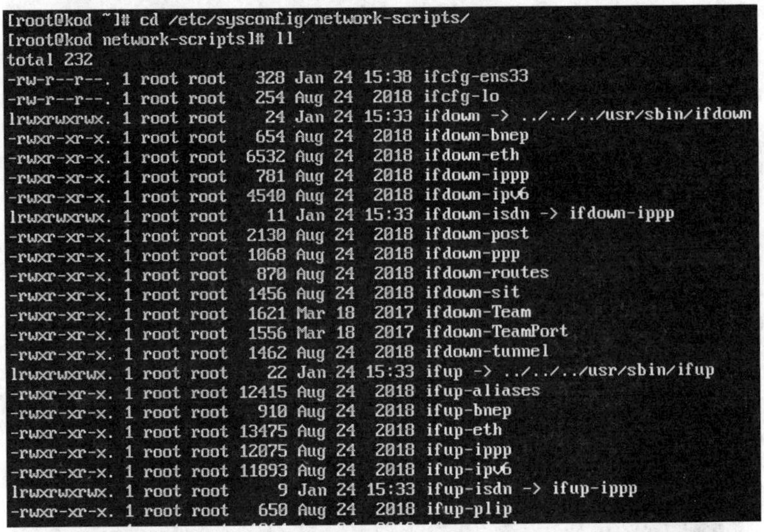

```
[root@kod ~]# cd /etc/sysconfig/network-scripts/
[root@kod network-scripts]# ll
total 232
-rw-r--r--. 1 root root   328 Jan 24 15:38 ifcfg-ens33
-rw-r--r--. 1 root root   254 Aug 24  2018 ifcfg-lo
lrwxrwxrwx. 1 root root    24 Jan 24 15:33 ifdown -> ../../../usr/sbin/ifdown
-rwxr-xr-x. 1 root root   654 Aug 24  2018 ifdown-bnep
-rwxr-xr-x. 1 root root  6532 Aug 24  2018 ifdown-eth
-rwxr-xr-x. 1 root root   781 Aug 24  2018 ifdown-ippp
-rwxr-xr-x. 1 root root  4540 Aug 24  2018 ifdown-ipv6
lrwxrwxrwx. 1 root root    11 Jan 24 15:33 ifdown-isdn -> ifdown-ippp
-rwxr-xr-x. 1 root root  2130 Aug 24  2018 ifdown-post
-rwxr-xr-x. 1 root root  1068 Aug 24  2018 ifdown-ppp
-rwxr-xr-x. 1 root root   870 Aug 24  2018 ifdown-routes
-rwxr-xr-x. 1 root root  1456 Aug 24  2018 ifdown-sit
-rwxr-xr-x. 1 root root  1621 Mar 18  2017 ifdown-Team
-rwxr-xr-x. 1 root root  1556 Mar 18  2017 ifdown-TeamPort
-rwxr-xr-x. 1 root root  1462 Aug 24  2018 ifdown-tunnel
lrwxrwxrwx. 1 root root    22 Jan 24 15:33 ifup -> ../../../usr/sbin/ifup
-rwxr-xr-x. 1 root root 12415 Aug 24  2018 ifup-aliases
-rwxr-xr-x. 1 root root   910 Aug 24  2018 ifup-bnep
-rwxr-xr-x. 1 root root 13475 Aug 24  2018 ifup-eth
-rwxr-xr-x. 1 root root 12075 Aug 24  2018 ifup-ippp
-rwxr-xr-x. 1 root root 11893 Aug 24  2018 ifup-ipv6
lrwxrwxrwx. 1 root root     9 Jan 24 15:33 ifup-isdn -> ifup-ippp
-rwxr-xr-x. 1 root root   650 Aug 24  2018 ifup-plip
```

图 4-15　network-scripts 目录

（2）修改 ifcfg-ens33 文件。

参考命令如下：

```
vi ifcfg-ens33
```

打开 ifcfg-ens33 文件，查看并进行编辑，如图 4-16 所示。

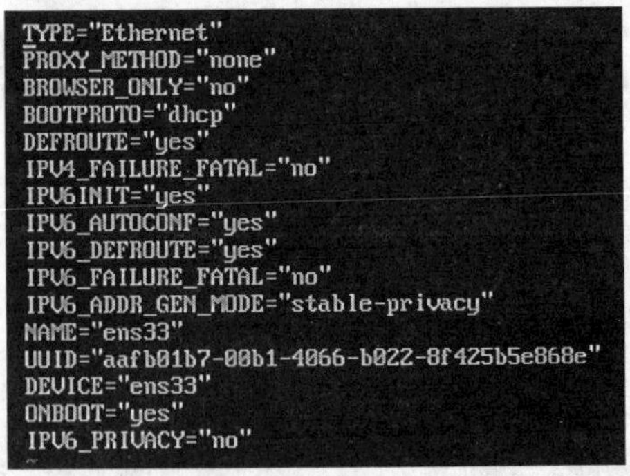

```
TYPE="Ethernet"
PROXY_METHOD="none"
BROWSER_ONLY="no"
BOOTPROTO="dhcp"
DEFROUTE="yes"
IPV4_FAILURE_FATAL="no"
IPV6INIT="yes"
IPV6_AUTOCONF="yes"
IPV6_DEFROUTE="yes"
IPV6_FAILURE_FATAL="no"
IPV6_ADDR_GEN_MODE="stable-privacy"
NAME="ens33"
UUID="aafb01b7-00b1-4066-b022-8f425b5e868e"
DEVICE="ens33"
ONBOOT="yes"
IPV6_PRIVACY="no"
```

图 4-16　ifcfg-ens33 文件内容

参考修改内容如下：

```
BOOTPROTO="dhcp"
...
ONBOOT="yes"
```

退出文本编辑并保存文件。

（3）配置网络服务。

重新启动网络服务，并设置开机自动启动服务，参考命令如表 4-1 所示。

表 4-1　网络设置参考命令

命　　令	功　　能
systemctl start network	启动服务
systemctl stop network	停止服务
systemctl restart network	重新启动服务
systemctl enable network	设置服务自动启动
systemctl status network	查看网络状态

（4）查看网络状态。

配置完网络服务后，用 systemctl status network 命令查看网络状态，如图 4-17 所示的状态表示网络设置正确，网络服务启动成功。

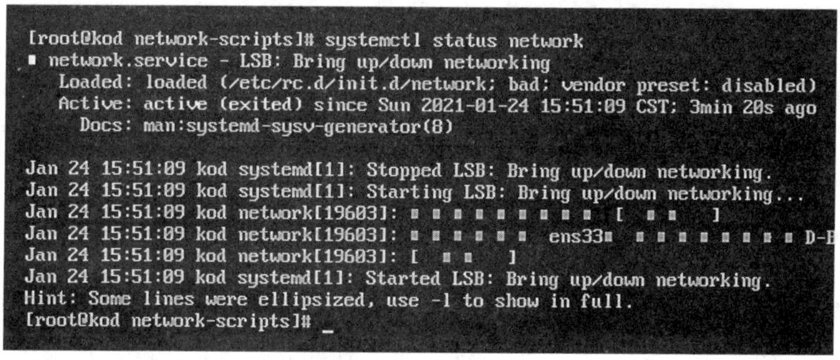

图 4-17　网络状态

（5）测试是否能够访问互联网。

通过 ping 网址 www.baidu.com，测试当前机器是否可以连通因特网，如图 4-18 所示，表示可以访问因特网。如果不能访问，重新检查网络配置。

图 4-18　ping 通因特网网址

55

3. 更改默认的 yum 源

CentOS 系统默认的 yum 源为国外的地址，为了加快 CentOS 系统的升级和下载安装包的速度，可以修改默认的 yum 源为国内映像。国内主要开源的映像站点有网易和阿里云等。这里以更改为阿里云的 yum 源为例讲解。

此部分内容借助第三方连接工具远程连接到 CentOS 操作系统，这样操作更方便。下面以使用 SecureCRT 为例进行说明（读者可以采用 xshell 等其他工具进行）。

（1）备份自带 yum 源配置文件。

为了防止修改出错，导致系统无法正常运行，在更改默认 yum 源之前，要先对现有的 yum 源配置文件进行备份，需要备份的文件为"/etc/yum.repos.d/CentOS-Base.repo"。

备份命令如下：

```
mv /etc/yum.repos.d/CentOS-Base.repo /etc/yum.repos.d/CentOS-Base.repo.backup
```

注意：如果没有安装 wget 命令，需要先安装 wget，再进行备份。

（2）下载阿里云的 yum 源配置文件。

备份好了现有的 yum 源配置文件，就可以下载阿里云的 yum 源配置文件到/etc/yum.repos.d/目录下，下载命令如下：

```
wget - O /etc/yum.repos.d/CentOS - Base.repo http://mirrors.aliyun.com/repo/
Centos-7.repo
```

命令执行结果如图 4-19 所示。

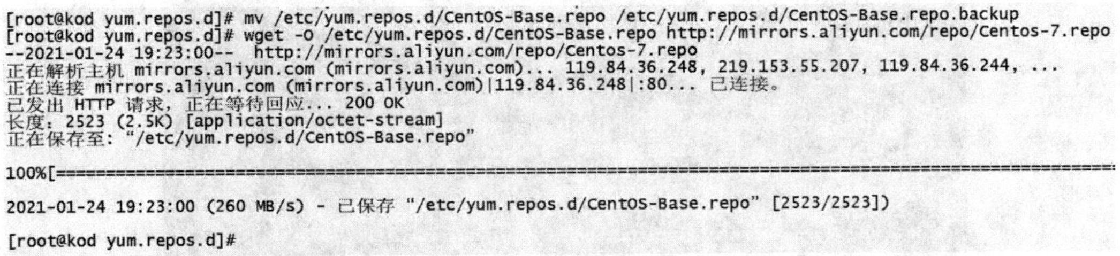

```
[root@kod yum.repos.d]# mv /etc/yum.repos.d/CentOS-Base.repo /etc/yum.repos.d/CentOS-Base.repo.backup
[root@kod yum.repos.d]# wget -O /etc/yum.repos.d/CentOS-Base.repo http://mirrors.aliyun.com/repo/Centos-7.repo
--2021-01-24 19:23:00--  http://mirrors.aliyun.com/repo/Centos-7.repo
正在解析主机 mirrors.aliyun.com (mirrors.aliyun.com)... 119.84.36.248, 219.153.55.207, 119.84.36.244, ...
正在连接 mirrors.aliyun.com (mirrors.aliyun.com)|119.84.36.248|:80... 已连接。
已发出 HTTP 请求，正在等待回应... 200 OK
长度: 2523 (2.5K) [application/octet-stream]
正在保存至: "/etc/yum.repos.d/CentOS-Base.repo"

100%[===================================================================================>]

2021-01-24 19:23:00 (260 MB/s) - 已保存 "/etc/yum.repos.d/CentOS-Base.repo" [2523/2523])

[root@kod yum.repos.d]#
```

图 4-19　下载阿里云的 yum 源

（3）运行 yum makecache 并生成 yum 缓存。

生成 yum 缓存的参考命令如下：

```
yum makecache
```

命令执行结果如图 4-20 所示，该结果表示成功生成缓存。

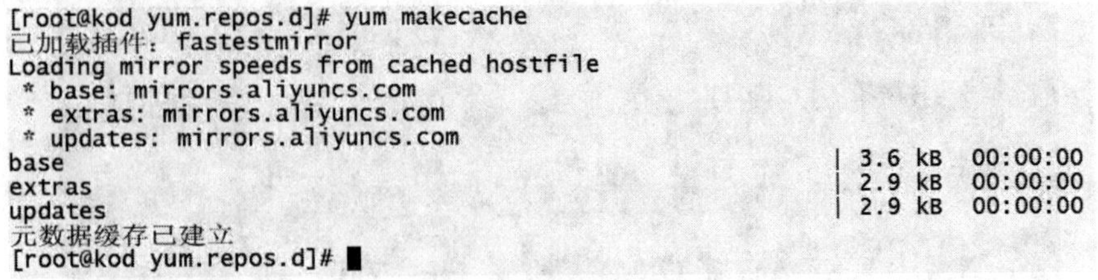

```
[root@kod yum.repos.d]# yum makecache
已加载插件: fastestmirror
Loading mirror speeds from cached hostfile
 * base: mirrors.aliyuncs.com
 * extras: mirrors.aliyuncs.com
 * updates: mirrors.aliyuncs.com
base                                              | 3.6 kB  00:00:00
extras                                            | 2.9 kB  00:00:00
updates                                           | 2.9 kB  00:00:00
元数据缓存已建立
[root@kod yum.repos.d]#
```

图 4-20　用 yum makecache 命令生成缓存

（4）测试 yum 源是否成功。

更改了 yum 之后，为了保证后续正常使用，需要测试 yum 是否成功，命令执行结果如图 4-21 所示，出现该界面表示测试成功。

```
[root@kod yum.repos.d]# yum -y update
已加载插件: fastestmirror
Loading mirror speeds from cached hostfile
 * base: mirrors.aliyuncs.com
 * extras: mirrors.aliyuncs.com
 * updates: mirrors.aliyuncs.com
正在解决依赖关系
--> 正在检查事务
---> 软件包 GeoIP.x86_64.0.1.5.0-13.el7 将被 升级
```

图 4-21 测试 yum 源界面

4.2.2 安装并部署 LAMP

在安装 Kod 云盘之前，需要先准备 Kod 云盘安装和运行的基础环境，要求有 Apache、MySQL 和 PHP 环境，所以在部署 Kod 之前，先完成基础环境的搭建。

1. 安装并测试 Apache

（1）安装 Apache。在 CentOS 7 中安装 Apache 的命令如下：

```
yum install httpd -y
```

（2）启动服务并查看状态。安装完毕后，需要启动服务，命令如下：

```
systemctl start httpd
```

服务启动完毕，使用下面的命令查看服务状态。

```
systemctl status httpd
```

当出现如图 4-22 所示提示时，说明服务启动成功。

```
[root@kod ~]# systemctl status httpd
● httpd.service - The Apache HTTP Server
   Loaded: loaded (/usr/lib/systemd/system/httpd.service; disabled; vendor pres et:
disabled)
   Active: active (running) since 2021-01-24 23:07:32 CST; 4min 4s ago
     Docs: man:httpd(8)
           man:apachectl(8)
 Main PID: 28597 (httpd)
   Status: "Total requests: 0; Current requests/sec: 0; Current traffic: 0 B/sec"
   CGroup: /system.slice/httpd.service
           ├─28597 /usr/sbin/httpd -DFOREGROUND
           ├─28624 /usr/sbin/httpd -DFOREGROUND
           ├─28625 /usr/sbin/httpd -DFOREGROUND
           ├─28626 /usr/sbin/httpd -DFOREGROUND
           ├─28627 /usr/sbin/httpd -DFOREGROUND
           └─28628 /usr/sbin/httpd -DFOREGROUND

1月 24 23:06:47 kod systemd[1]: Starting The Apache HTTP Server...
1月 24 23:07:07 kod httpd[28597]: AH00558: httpd: Could not reliably dete...ge
1月 24 23:07:32 kod systemd[1]: Started The Apache HTTP Server.
Hint: Some lines were ellipsized, use -l to show in full.
```

图 4-22 查看 Apache 服务状态

（3）查看并关闭防火墙服务。使用命令查看防火墙的状态，如果是开启状态，就先关闭防火墙。相关命令如下：

```
systemctl status httpd -查看防火墙的状态
```

```
systemctl stop firewalld -关闭防火墙
systemctl disable firewalld -禁止开机启动防火墙服务
```

（4）测试 Apache。通过 ip a 命令,查看本机的 IP 地址,通过 IP 地址访问 Apache 服务器,如果能够出现如图 4-23 的效果,说明 Apache 部署成功。

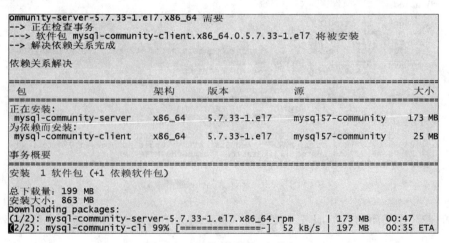

图 4-23　Apache 访问测试效果

2. 安装 MySQL

为了简化安装操作,本例采用脚本的方式安装,在 CentOS 命令行输入如下命令:

```
curl -O https://dshvv.oss-cn-beijing.aliyuncs.com/imysql.sh && chmod 755 ./
imysql.sh && ./imysql.sh && rm -rf ./imysql.sh
```

根据不同的网络环境和操作系统,执行的时间略有差异。下载 MySQL 安装包,如图 4-24 所示。

图 4-24　下载 MySQL 安装包

安装文件下载完毕后,开始执行安装。当脚本执行到如图 4-25 所示内容时,根据提示输入 MySQL 的密码。

```
perl-Scalar-List-Utils.x86_64 0:1.27-248.el7
perl-Socket.x86_64 0:2.010-5.el7
perl-Storable.x86_64 0:2.45-3.el7
perl-Text-ParseWords.noarch 0:3.29-4.el7
perl-Time-HiRes.x86_64 4:1.9725-3.el7
perl-Time-Local.noarch 0:1.2300-2.el7
perl-constant.noarch 0:1.27-2.el7
perl-libs.x86_64 4:5.16.3-297.el7
perl-macros.x86_64 4:5.16.3-297.el7
perl-parent.noarch 1:0.225-244.el7
perl-podlators.noarch 0:2.5.1-3.el7
perl-threads.x86_64 0:1.87-4.el7
perl-threads-shared.x86_64 0:1.43-6.el7

作为依赖被升级:
  postfix.x86_64 2:2.10.1-9.el7

替代:
  mariadb-libs.x86_64 1:5.5.60-1.el7_5

完毕!
--------------------------安装MySQL5.7完毕,请设置MySQL的密码--------------
请输入您要设置的密码:
```

图 4-25   设置 MySQL 密码

输入完密码并回车后,出现如图 4-26 所示的提示,说明 MySQL 安装成功。

```
请输入您要设置的密码: 123abc!@#
--------------------------启动MySQL--------------------------
Redirecting to /bin/systemctl start MySQLd.service
--------------------------设置MySQL密码--------------------------
mysqladmin: [Warning] Using a password on the command line interface can be insecure.
Warning: Since password will be sent to server in plain text, use ssl connection to ensure password safety.
mysqladmin: unable to change password; error: 'Your password does not satisfy the current policy requirements'
--------------------------开启允许MySQL远程登录--------------------------
mysql: [Warning] Using a password on the command line interface can be insecure.
ERROR 1045 (28000): Access denied for user 'root'@'localhost' (using password: YES)
--------------------------刷新MySQL配置文件让其生效--------------------------
mysql: [Warning] Using a password on the command line interface can be insecure.
ERROR 1045 (28000): Access denied for user 'root'@'localhost' (using password: YES)
--------------------------安装并配置MySQL完成--------------------------
[root@kod ~]#
```

图 4-26   MySQL 安装成功

根据提示,出现了很多警告和错误,都与 MySQL 的登录权限相关。要正确使用 MySQL,还需要进行如下配置。

(1) 通过 vi /etc/my.cnf 命令编辑 MySQL 配置文件,在配置文件[mysqld]段中加上一句:skip-grant-tables。

(2) 重启 MySQL 服务,命令为:systemctl restart mysqld。

(3) 在命令行输入 mysql -u root -p,回车后即可进入 MySQL 数据库。

(4) 执行如下命令:

```
use mysql;
update user set authentication_string = password('new password') where user =
'root';
update mysql.user set password_expired='N';
update user set host = '%' where user = 'root';
```

(5) 执行 flush privileges 命令刷新权限。

（6）再次通过 vi /etc/my.cnf 命令编辑配置文件,将上面添加的 skip-grant-tables 注释掉。

（7）重启服务,即可再次进入数据库。

3. 安装 PHP

通过现有脚本安装 PHP,参考命令如下：

```
curl -O https://dshvv.oss-cn-beijing.aliyuncs.com/iphp.sh && chmod 755 ./iphp.
sh && ./iphp.sh && rm -rf ./iphp.sh
```

下载 PHP 安装包,如图 4-27 所示。根据不同的网络环境,下载用时略微不同。

```
安装   10 软件包 (+13 依赖软件包)

总下载量: 16 MB
安装大小: 62 MB
Downloading packages:
(1/23): autoconf-2.69-11.el7.noarch.rpm                    | 701 kB  00:00:00
(2/23): libXau-1.0.8-2.1.el7.x86_64.rpm                    |  29 kB  00:00:00
(3/23): libXpm-3.5.12-1.el7.x86_64.rpm                     |  55 kB  00:00:00
(4/23): libjpeg-turbo-1.2.90-8.el7.x86_64.rpm              | 135 kB  00:00:00
(5/23): libxcb-1.13-1.el7.x86_64.rpm                       | 214 kB  00:00:00
(6/23): m4-1.4.16-10.el7.x86_64.rpm                        | 256 kB  00:00:00
(7/23): libX11-common-1.6.7-3.el7_9.noarch.rpm             | 164 kB  00:00:00
(8/23): automake-1.13.4-3.el7.noarch.rpm                   | 679 kB  00:00:00
(9/23): pcre-devel-8.32-17.el7.x86_64.rpm                  | 480 kB  00:00:00
(10/23): libX11-1.6.7-3.el7_9.x86_64.rpm                   | 607 kB  00:00:00
(11/23): perl-Test-Harness-3.28-3.el7.noarch.rpm           | 302 kB  00:00:00
(12/23): perl-Data-Dumper-2.145-3.el7.x86_64.rpm           |  47 kB  00:00:00
(13/23): perl-Thread-Queue-3.02-2.el7.noarch.rpm           |  17 kB  00:00:00
warning: /var/cache/yum/x86_64/7/webtatic/packages/php71w-bcmath-7.1.33-1.w7.x86_64.
rpm: Header V4 RSA/SHA1 Signature, key ID 62e74ca5: NOKEY
php71w-bcmath-7.1.33-1.w7.x86_64.rpm 的公钥尚未安装
(14/23): php71w-bcmath-7.1.33-1.w7.x86_64.rpm              |  37 kB  00:00:03
(15/23): mod_php71w-7.1.33- 48% [========            ]  97 kB/s | 7.7 MB  00:01:24 ETA
```

图 4-27　下载 PHP 安装包

安装包下载完毕,系统自动进行安装,出现如图 4-28 所示的界面,表示 PHP 安装完成。

```
已安装:
  mod_php71w.x86_64 0:7.1.33-1.w7          php71w-bcmath.x86_64 0:7.1.33-1.w7
  php71w-cli.x86_64 0:7.1.33-1.w7          php71w-common.x86_64 0:7.1.33-1.w7
  php71w-devel.x86_64 0:7.1.33-1.w7        php71w-fpm.x86_64 0:7.1.33-1.w7
  php71w-gd.x86_64 0:7.1.33-1.w7           php71w-mbstring.x86_64 0:7.1.33-1.w7
  php71w-mysql.x86_64 0:7.1.33-1.w7        php71w-pdo.x86_64 0:7.1.33-1.w7

作为依赖被安装:
  autoconf.noarch 0:2.69-11.el7            automake.noarch 0:1.13.4-3.el7
  libX11.x86_64 0:1.6.7-3.el7_9            libX11-common.noarch 0:1.6.7-3.el7_9
  libXau.x86_64 0:1.0.8-2.1.el7            libXpm.x86_64 0:3.5.12-1.el7
  libjpeg-turbo.x86_64 0:1.2.90-8.el7      libxcb.x86_64 0:1.13-1.el7
  m4.x86_64 0:1.4.16-10.el7                pcre-devel.x86_64 0:8.32-17.el7
  perl-Data-Dumper.x86_64 0:2.145-3.el7    perl-Test-Harness.noarch 0:3.28-3.el7
  perl-Thread-Queue.noarch 0:3.02-2.el7

完毕!
----------------------启动PHP7.1----------------------
Redirecting to /bin/systemctl start PHP-fpm.service
--------------------安装并启动完成--------------------
PHP 7.1.33 (cli) (built: Oct 26 2019 10:16:23) ( NTS )
Copyright (c) 1997-2018 The PHP Group
Zend Engine v3.1.0, Copyright (c) 1998-2018 Zend Technologies
[root@kod ~]#
```

图 4-28　PHP 安装成功

到这里,整个 LAMP 环境的部署都已经完成,Apache、MySQL 和 PHP 等环境也通过了测试,Kod 部署的基本条件已经具备。下面讲解 Kod 服务端程序的部署过程。

4.2.3　下载 Kod 服务器端程序并处理

1. 官网下载文件

在安装 Kod 之前,需要到 Kod 的官网 https://kodcloud.com/download/下载 Kod 服

务器端安装资源,下载位置如图 4-29 所示。或者到本书配套提供的资源包中获取 Kod 服务端程序安装包,如图 4-30 所示。

图 4-29　Kod 服务端程序下载　　　　　图 4-30　Kod 安装资源文件

2. 上传到 CentOS 指定目录

使用 SecureCRT 工具或其他辅助工具,将下载(获取)的 Kod 服务端程序安装包上传到 CentOS 操作系统的指定目录下。这里将安装包上传到 root 用户的根目录下面,如图 4-31 所示。

图 4-31　将 Kod 安装程序上传到服务器

3. 解压缩 Kod 服务端程序

为了安装 Kod,需要将上一步中上传的压缩安装包进行解压缩,需要使用 unzip 命令。如果没有安装 unzip 命令,需要先安装,命令如下:

```
yum install -y unzip zip
```

安装完 unzip 工具,进行解压缩操作。将 Kod 安装包文件解压缩到 httpd 目录下的默认路径/var/www/html 中。

解压缩命令如下:

```
cd /root/
unzip kodbox.1.15.zip -d /var/www/html/
```

解压缩完成后,查看解压缩的文件,相关命令和执行结果如图 4-32 所示。

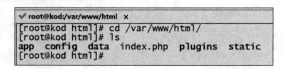

图 4-32　Kod 解压缩后的文件

4.2.4　安装并配置 Kod 云盘

在解压缩完 Kod 的安装文件后,可以进入 Kod 的安装阶段。Kod 服务器端程序是通过网页的方式安装的,文件为安装路径下的 index.php。要想访问该文件,还需要对服务器进行如下配置,相关命令如下:

```
su -c 'setenforce 0'          -关闭 selinux 模式
chmod -R 777 /var/www/html/   -修改 http 根目录文件夹权限
systemctl stop firewalld      -关闭防火墙
systemctl start httpd         -启动 Apache 服务
```

通过 http://servername/index.php,或者 http://服务器 IP 地址/index.php 网址访问 Kod 服务端程序安装页面,打开如图 4-33 所示的安装界面,如果状态全部为绿色,表示系统环境已经准备好,可以进行下一步安装。

图 4-33　Kod 安装界面

单击"下一步"按钮,进入数据库配置界面,如图 4-34 所示。数据库类型选择 MySQL,输入 MySQL 数据库对应的用户名、密码和数据库名字,单击"确定"按钮,完成数据库配置。

图 4-34 数据库配置界面

稍等片刻,Kod 安装完成,进入用户名和密码设置界面,如图 4-35 所示。用户名 admin

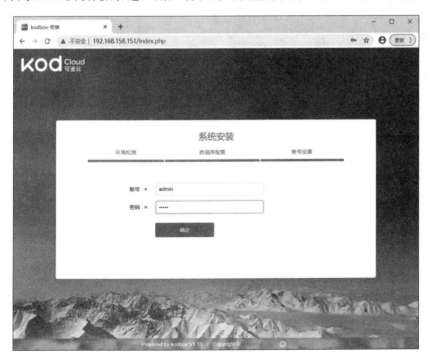

图 4-35 Kod 用户名和密码设置

63

保持不变,输入自己设置的密码,单击"确定"按钮,完成 Kod 的安装。

安装完成界面如图 4-36 所示,显示已设置好的用户名和密码,并自动跳转到云盘登录主界面。

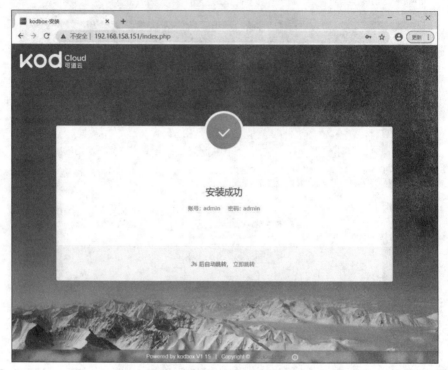

图 4-36   Kod 安装完成界面

4.2.5 管理 Kod 云盘

现在已经安装好了 Kod 云盘,这样就搭建了一个私有云盘。下面说明如何管理及使用 Kod 云盘。

1. 访问云盘

打开谷歌浏览器,在地址栏输入云盘服务器地址 http://192.168.158.152,即可访问云盘,并打开登录界面,如图 4-37 所示。在此界面输入安装时设置的用户名和密码,单击"登录"按钮,即可登录到 Kod 云盘管理界面。

2. 使用 Kod 云盘管理个人文件

输入正确的用户名和密码后,可以登录 Kod 云盘,Kod 云盘桌面管理界面,如图 4-38 所示。

另外一个主要界面就是 Kod 云盘文件管理界面,如图 4-39 所示,在这里可以分类管理自己的私有文件。

关于 Kod 云盘详细的操作和用法,请参考 Kod 云盘官方网站。

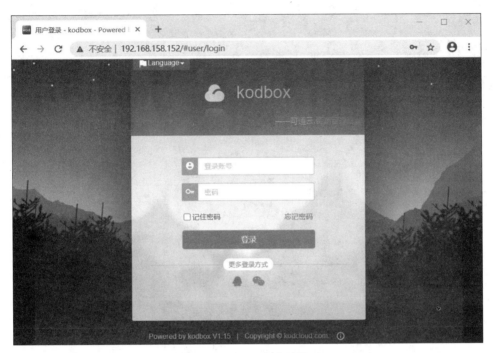

图 4-37　Kod 云盘登录界面

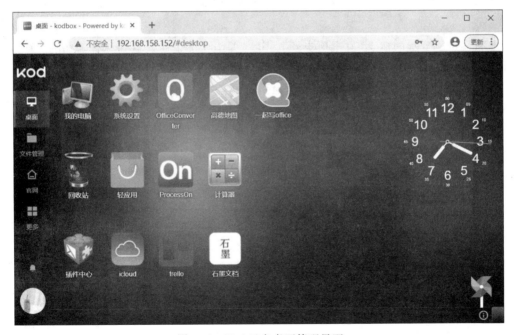

图 4-38　Kod 云盘桌面管理界面

图 4-39　文件管理界面

项 目 总 结

本项目讲解云盘的概念、发展历史及其现状;并阐述了企业云盘和私有云盘的概念及区别,以及各自的优缺点。

通过典型的 Kod 云盘应用,讲解了搭建私有云盘的详细过程。同学们通过本项目的学习,可以在企业内部或自己的家庭网络环境下搭建属于自己的私有云盘。

实 践 任 务

实验名称:

私有云盘搭建。

实验目的:

- 练习在 Linux(CentOS 7)操作系统下安装部署 Kod 云盘的方法。
- 练习在 Linux 下部署 MySQL、PHP 和 Apache 的方法。
- 掌握在 Linux 下部署 MySQL 的方法以及特殊情况的处理方法。
- 掌握 Kod 云盘的应用。

实验内容:

详细实验内容和步骤参照相关资料。

拓 展 练 习

一、填空题

1. 通过 Kod 云盘搭建私有云盘，所需要的基础环境包括 _____、_____、
_____。

2. 云盘包括_____和_____。

3. 国内主要的开源映像站点有_____和_____。

二、简答题

1. 简述个人云盘的商业运营模式。

2. 简述个人云盘在发展及使用过程中存在的问题。

项目 5   VMware ESXi 虚拟化技术实践

本项目主要介绍 VMware 企业级虚拟化平台 VMware ESXi 的基本功能、安装和配置方法,如何使用 VMware ESXi Web 工具管理 ESXi,以及在 ESXi 上创建并配置虚拟机的一般方法和步骤。另外,还介绍了 ESXi 的重要功能。

 **项目目标**

1. 知识目标
➤ 了解 VMware ESXi 的基本概念。
➤ 了解 VMware ESXi 的重要功能。
➤ 掌握 VMware ESXi 安装的基本方法与技术。
➤ 掌握 VMware ESXi 配置的基本方法与技术。
➤ 掌握 VMware ESXi 虚拟机的创建、定制技术。

2. 能力目标
➤ 能获取 VMware ESXi 的安装映像。
➤ 能在物理机或虚拟机上安装 VMware ESXi 系统。
➤ 能正确配置 VMware ESXi 服务器。
➤ 能通过管理工具管理 VMware ESXi 服务器。
➤ 能在 VMware ESXi 服务器上创建虚拟机。

任务 5.1   VMware ESXi 概述

本任务主要介绍 VMware 企业级虚拟化平台 VMware ESXi 的基本功能、安装和配置方法,如何使用 VMware Web 版管理 ESXi,以及在 ESXi 上创建并配置虚拟机的一般方法和步骤。另外,还介绍了 ESXi 的重要功能和与 ESX 的区别。

5.1.1   VMware ESXi 介绍

vSphere 是 VMware 公司推出的一套服务器虚拟化解决方案,vSphere 中的核心组件为 VMware ESXi。ESXi 是一款可以独立安装和运行在裸机上的系统,与常见的 VMware Workstation 软件的不同之处是它不再依赖于宿主操作系统之上。在 ESXi(6.5 之前的版本)安装完成后,我们可以通过 vSphere 客户端(vSphere Client)远程连接控制,在 ESXi 服务器上创建多个虚拟机(VM),再为这些虚拟机安装 Linux/Windows Server 系统,使其成为能提供各种网络应用服务的虚拟服务器。在 ESXi 6.7 版本之后,仅支持通过网页 Web 版本的管理工具管理 ESXi 服务器了。ESXi 也是从内核级支持硬件虚拟化,运行于其中的虚拟服务器在性能与稳定性上不亚于普通物理服务器,而且更易于管理与维护。

5.1.2　VMware ESXi 的安装

VMware ESXi 通常需要安装部署在服务器上,但如果只是用于学习和实验,也可以在虚拟机中安装。本小节介绍在 VMware Workstation 中通过虚拟机安装 VMware ESXi。只要读者有一台主流配置的 PC(建议内存 8GB 以上),即可完成本小节的内容。

(1) 在 VMware Workstation 中创建一台虚拟机。作者所使用的 VMware Workstation 版本是 15.5.6,VMware ESXi 版本是 6.7,安装包文件为"VMware-VMvisor-Installer-6.7.0-8169922.x86_64.iso"。

① 在 Workstation 中选择"文件"→"新建虚拟机"命令。

② 选择"典型(推荐)"类型的配置,单击"下一步"按钮。

③ 选择"安装程序光盘映像文件(iso)",单击"浏览"按钮,选择"VMware-VMvisor-Installer-6.7.0-8169922.x86_64.iso"映像安装文件,在下方会提示已经检测到 VMware ESXi 6.X,如图 5-1 所示。单击"下一步"按钮,后面的配置使用默认值即可。

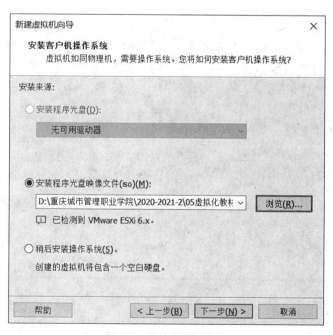

图 5-1　新建虚拟机向导

④ 全部配置完成后,选中"创建后开启此虚拟机"选项,单击"完成"按钮,如图 5-2 所示。

(2) 开始安装 ESXi 6.7,如图 5-3 所示。

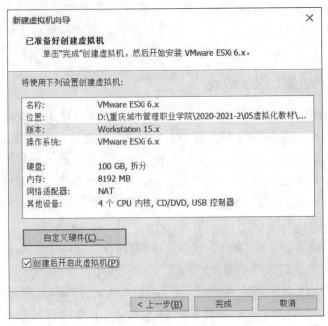

图 5-2　虚拟机配置信息

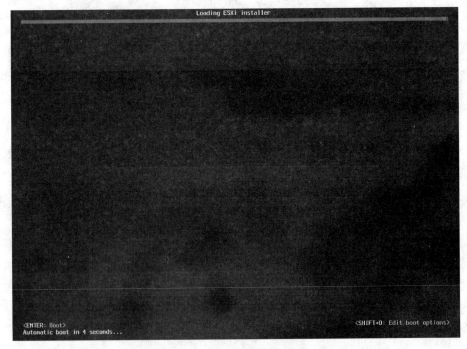

图 5-3　开始安装 ESXi 6.7

　　(3) ESXi installer 开始加载、安装,显示安装进度条提示安装进度,如图 5-4 所示。

　　(4) 进入 VMware ESXi 6.7.0 Installation 安装欢迎界面,按 Enter 键,选择继续安装,如图 5-5 所示。

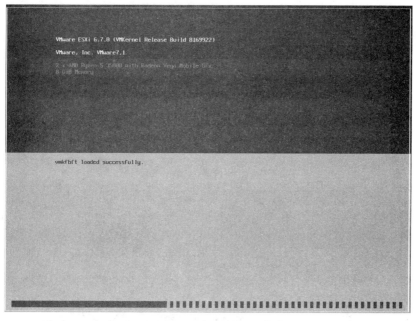

图 5-4　安装提示进度条

```
        Welcome to the VMware ESXi 6.7.0 Installation

VMware ESXi 6.7.0 installs on most systems but only
systems on VMware's Compatibility Guide are supported.

Consult the VMware Compatibility Guide at:
http://www.vmware.com/resources/compatibility

Select the operation to perform.

        (Esc) Cancel        (Enter) Continue
```

图 5-5　ESXi 欢迎界面

（5）进入用户协议界面，根据提示按 F11 键接受协议并继续，如图 5-6 所示。

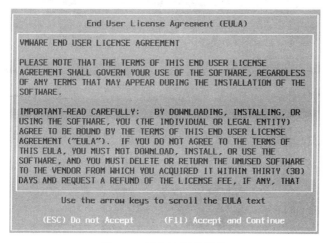

图 5-6　接收协议并继续

（6）开始扫描设备。扫描完成后，选择安装的磁盘，这里选择本地磁盘。按 Enter 键继续安装，如图 5-7 和图 5-8 所示。

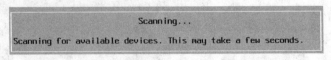

图 5-7　扫描磁盘

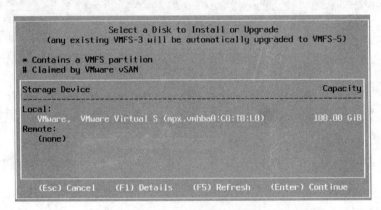

图 5-8　选择安装磁盘

（7）选择键盘类型，使用默认值即可，直接按 Enter 键继续安装，如图 5-9 所示。

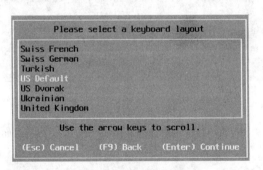

图 5-9　选择键盘设置

（8）设置 root 用户的登录密码。为了系统安全，要求至少为 7 位，包含数字、字母和特殊符号，如图 5-10 所示。

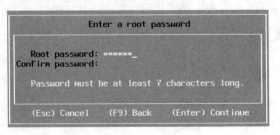

图 5-10　设置 root 用户密码

（9）系统信息扫描，如图 5-11 所示。

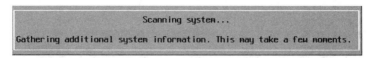

图 5-11　系统信息扫描

（10）确认安装信息，按 F11 键确认安装，如图 5-12 所示。

图 5-12　确认安装

（11）开始进行 VMware ESXi 6.7.0 服务器安装，如图 5-13 所示。

图 5-13　ESXi 安装进度条

（12）安装完成后，按 Enter 键重新启动系统，如图 5-14 和图 5-15 所示。

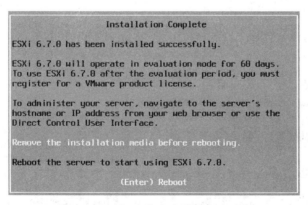

图 5-14　ESXi 安装完成重新启动系统

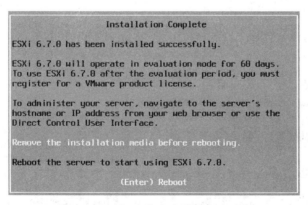

图 5-15　即将重新启动系统

（13）系统重新启动后，等待界面显示 ESXi 主机动态分配的 IP 地址，表示系统已经启动完毕，如图 5-16 所示。

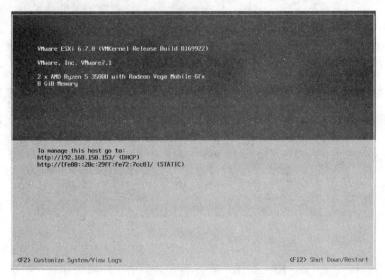

图 5-16　启动完成并进入 ESXi 系统界面

系统成功启动后，可以进入 VMware ESXi 的配置步骤。接下来讲解如何配置 VMware ESXi。

5.1.3　VMware ESXi 的配置

1. 进入 VMware ESXi 控制台

（1）将光标移动到 VMware ESXi 界面上，使其获得焦点，根据提示按 F2 键，进入 VMware ESXi 配置控制台，如图 5-17 所示。

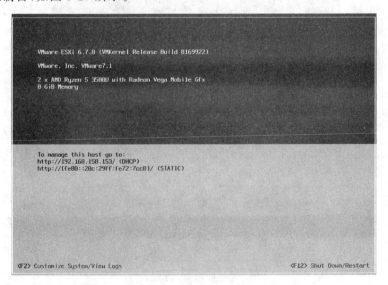

图 5-17　配置 ESXi

（2）在弹出的用户登录对话框中，根据提示在相应的位置输入登录用户名和密码，按 Enter 键确认，如图 5-18 所示。

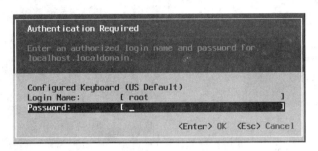

图 5-18　输入 ESXi 登录密码

（3）再次按 F2 键进入系统配置界面，在这里可以进行密码修改、配置网络、重启网络、测试网络、查看日志、查看支持信息、恢复系统设置等操作，如图 5-19 所示。

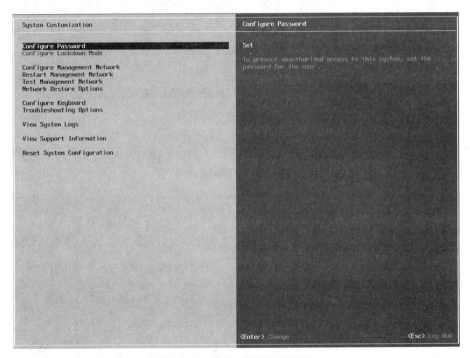

图 5-19　ESXi 系统管理界面

2. 配置 VMware ESXi 网络

VMware ESXi 网络配置是在 ESXi 控制台中需要完成的最重要的一项工作，后续 ESXi 的主要配置，以及虚拟机创建和管理等功能都是通过网页版的管理工具完成。但网页版的管理工具需要通过 IP 网络连接到 ESXi 服务器，所以 ESXi 的网络配置只能在控制台中完成。

（1）进入 ESXi 系统配置界面，将光标移动到 Configure Management Network 上，界面右侧可以看到当前的网络配置信息，如主机名称、ESXi 主机 IP 地址、DHCP 服务器 IP 地址等，如图 5-20 所示。

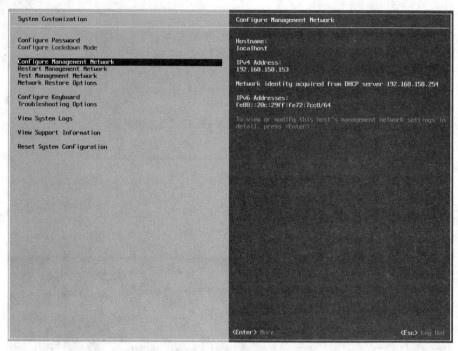

图 5-20　网络配置信息

（2）按 Enter 键进入网络配置界面。选中 IPv4 Configuration，在右侧窗格中可以看到目前的 IP 地址、子网掩码、网关等配置信息，如图 5-21 所示。

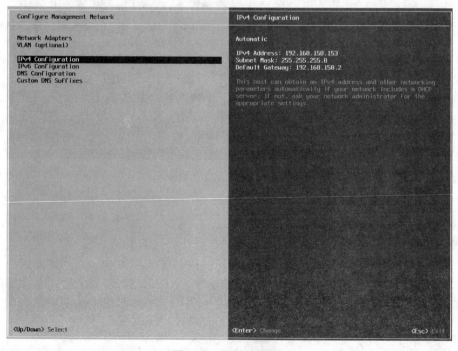

图 5-21　配置 IP 地址

（3）按 Enter 键，进入下一配置界面。可以看到当前选中的是 Use dynamic IPv4 address...，即当前使用的是 DHCP 动态分配的 IP 地址。在当前设置窗口下面有操作提示。使用上、下箭头键可以移动光标到相应选项，按空格键选中选项，按 Enter 键确认配置完成，按 Esc 键取消配置并返回上级菜单，如图 5-22 所示。

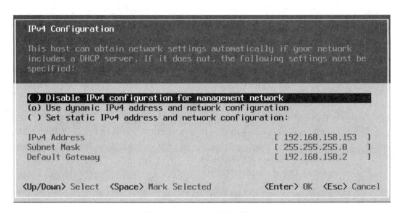

图 5-22　IPv4 配置信息

（4）因为 ESXi 服务器作为虚拟化的主机服务器，而 DHCP 动态分配的 IP 地址可能会发生变化，所以通常 ESXi 服务器要配置为静态 IP。用向下箭头键将光标移动到 Set static IPv4 address and network configuration 选项上，按空格键选中选项。按照网络规划配置静态 IP 地址、掩码和网关，如图 5-23 所示。如果是使用 VMware Workstation 虚拟机安装 ESXi，则使用 DHCP 动态分配的 IP 地址作为静态 IP 即可。

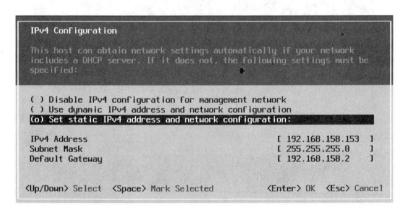

图 5-23　ESXi 静态 IP 地址设置

VMware Workstation 各网络模式的 IP 网段信息，可以选择"编辑"→"虚拟网络编辑器"命令，并在打开的对话框中查看，单击"NAT 设置"按钮可以查看和设置网关 IP，如图 5-24 所示。

（5）按 Enter 键确认配置；然后按 Esc 键返回，此时会弹出确认页面，询问是否保存设置并重启网络。按 Y 键确认，如图 5-25 所示。

（6）返回到 ESXi 系统主界面后，可以看到 IP 地址已经更新为静态地址了，如图 5-26

图 5-24 VMware Workstation 虚拟网络编辑器 NAT 子网信息

图 5-25 保存配置

所示。

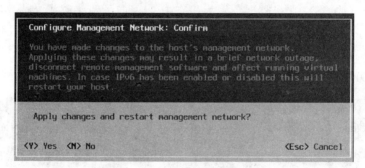

图 5-26 静态 IP 地址

根据提示，可以使用 http://192.168.158.153/地址访问 ESXi 的 Web 管理工具了。

任务 5.2 VMware ESXi Web 管理工具

在任务 5.1 中安装、配置好 VMware ESXi 服务器之后，本任务通过介绍访问管理中心，使用管理中心，创建并定制虚拟机，详细讲解 VMware ESXi 的用法。

5.2.1　访问 VMware ESXi Web 管理工具

通过浏览器(推荐谷歌浏览器)访问 VMware ESXi 的服务器地址 http://192.168.158.153/。初次访问时会有隐私安全提醒，如图 5-27～图 5-30 所示。

图 5-27　隐私安全提醒

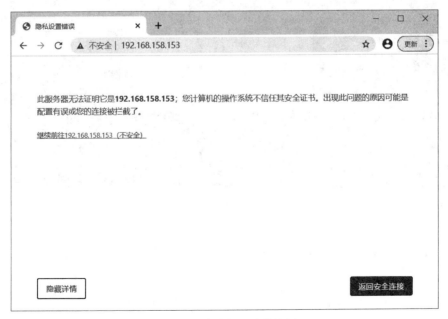

图 5-28　确认提醒继续访问

图 5-29　输入用户名和密码

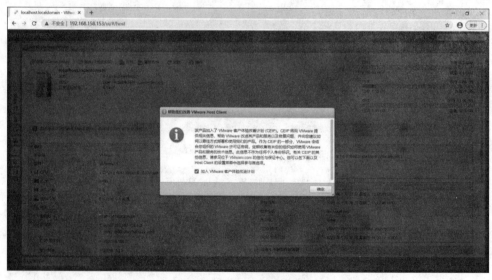

图 5-30　Web 管理主界面

5.2.2　用 VMware ESXi Web 管理工具管理 ESXi

（1）在管理工具的主界面，右击左侧列表中的主机，弹出快捷菜单，最常用的操作是在 ESXi 服务器上"创建/注册虚拟机"，以及远程"关机"或"重新引导"，如图 5-31 所示。

（2）查看主机设备和配置信息以及资源使用情况，在 Web 管理工具主界面可以很直观地查看 ESXi 主机的设备和配置信息，以及相关资源的使用情况，如图 5-32 所示。

图 5-31　ESXi 主机右键快捷菜单

图 5-32　主机概况信息

（3）单击导航器中的"存储"选项，可以管理 ESXi 主机上的存储信息。在当前存储设备上右击，可以浏览当前存储设备的内容，并对设备进行重命名、删除、卸载、增加容量等操作，如图 5-33 所示。

单击"浏览"选项，或者直接单击界面上的"数据存储浏览器"选项，都可以进入数据存储浏览器界面，如图 5-34 所示。在数据存储管理器界面中，可以很方便地对主机上的文件进行上传、下载、删除、移动、复制等操作。

根据提示，读者在此可以上传 CentOS 6 的映像文件 CentOS-6.6-x86_64-minimal.iso，以备后面部署虚拟机的时候使用。

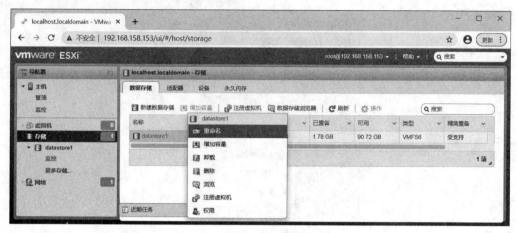

图 5-33　ESXi 存储设备管理

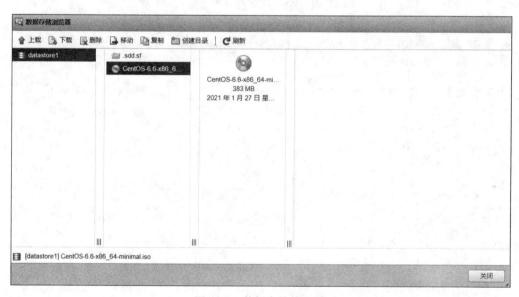

图 5-34　数据存储管理器

5.2.3　创建虚拟机

（1）右击 ESXi 管理界面的主机，选择"创建/注册虚拟机"
命令，如图 5-35 所示。

（2）选择创建类型，设置虚拟机名称和选择客户机操作系
统，如图 5-36 和图 5-37 所示。

（3）选择存储。根据提示，选择默认存储设备即可，不需
要特殊设置。

（4）自定义设置虚拟机的参数，如图 5-38 所示。大部分参
数用默认值即可，CD/DVD 驱动器选择"数据存储 ISO 文件"
选项，需要从 ISO 映像文件中安装操作系统。打开数据存储

图 5-35　新建虚拟机

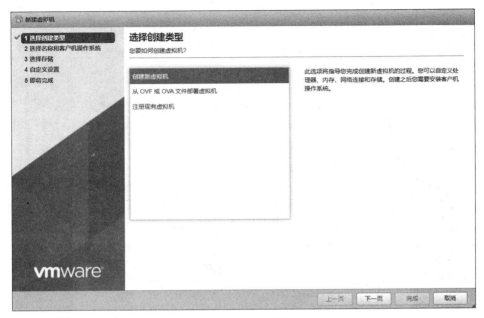

图 5-36　选择创建类型

图 5-37　设置名称和客户机操作系统类型

浏览器界面后,选择在 5.2.2 小节中上传的 CentOS-6.6-x86_64-minimal.iso 映像文件。

(5) 完成虚拟机的创建并确认参数信息,如图 5-39 所示。确认完毕后,单击"完成"按钮,即可完成虚拟机的创建。在管理工具主界面的虚拟机选项下,成功创建虚拟机,如图 5-40 所示。

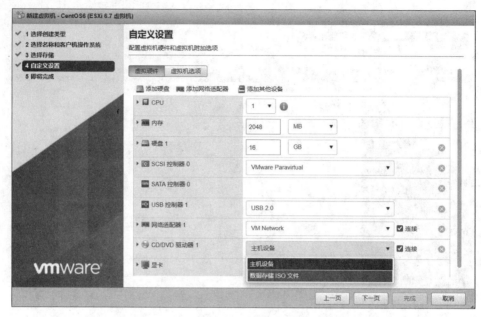

图 5-38　自定义虚拟机参数

图 5-39　确认虚拟机参数信息

图 5-40　虚拟机列表

5.2.4　定制虚拟机

1. 编辑虚拟机设置

（1）右击 CentOS 6 虚拟机，在弹出的菜单中可以看到"电源"（打开/关闭电源/挂起/重置等）、"快照"（生成/还原快照等）、"控制台"及"编辑设置"等命令，还有"删除"虚拟机等常用的操作，如图 5-41 所示。

（2）选择"编辑设置"命令，打开虚拟配置页面。常用的配置包括修改"内存大小"和"CPU 数量"，以及修改"CD/DVD 驱动器"中加载的光盘映像文件，修改"硬盘"置备大小，修改"网络适配器"接入的端口组，也可以添加新的硬件。例如，虚拟机需要接入两个不同的网络，就需要添加一个新的"网络适配器"。编辑及设置虚拟机的界面如图 5-42 所示。

在这个界面中，可以修改虚拟机的大部分参数，可以根据实际需要修改虚拟机的设置。

2. 安装虚拟机操作系统

此处以安装 CentOS 6 操作系统为例说明。

图 5-41　虚拟机快捷菜单

图 5-42　编辑并设置虚拟机

（1）选择加载 CentOS 6 操作系统的映像 ISO 文件，CD/DVD 驱动器选择"数据存储
ISO 文件"，单击"浏览"按钮，选择在 5.2.3 中上传的映像文件，如图 5-43 所示。

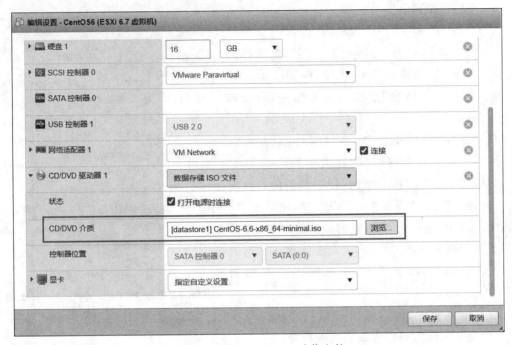

图 5-43　选择 CentOS 6 映像文件

（2）安装系统。选中 CentOS 6 虚拟机，单击图 5-44 顶部的三角箭头，即可打开虚拟机
电源，进入安装操作系统的步骤。

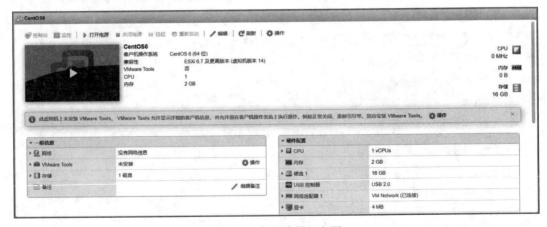

图 5-44　打开虚拟机电源

开启虚拟机后，进入操作系统的安装步骤，如图 5-45 所示。后续安装步骤与在物理机
上安装操作系统的步骤一样，不再详细讲解。

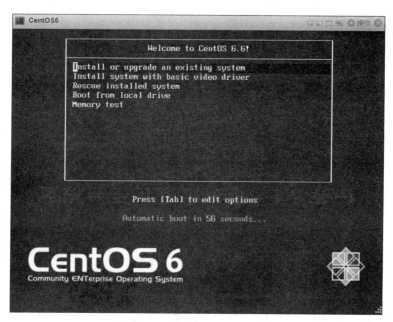

图 5-45　CentOS 6 安装界面

任务 5.3　VMware ESXi 的重要功能

本任务主要讲解 VMware ESXi 虚拟化平台的重要功能,重点突出 VMware ESXi 的核心功能以及这些功能的运行过程和运行原理。

VMware ESXi 是用于创建和运行虚拟机的虚拟化平台,它将处理器、内存等资源虚拟化为多个虚拟机。通过 ESXi 可以运行虚拟机,安装操作系统,运行应用程序以及配置虚拟机。在 ESXi 上能够配置虚拟机的资源,如存储设备、网络设备等。在 vSphere 6.7 中,ESXi 成为唯一的 Hypervisor,所有 VMware 代理均直接在虚拟化内核(VMkernel)上运行。基础架构服务通过 VMkernel 附带的模块直接提供,其他获得授权(拥有 VMware 数字签名)的第三方模块(如硬件驱动程序和硬件监控组件等)也可在 VMkernel 中运行,因此形成了严格锁定的体系架构。这种架构可以阻止未授权的代码在 ESXi 主机上运行,从而极大地改善了系统的安全性。在 ESXi 6.7 中,VMware 提供了包括映像生成器(Image Builder)、面向服务的无状态防火墙、主机硬件全面监控、安全系统日志(Secure Syslog)、VMware vSphere 自动部署、扩展增强型 ESXi 框架以及新一代的虚拟机硬件等重要的增强功能。

任务 5.4　VMware ESX 与 VMware ESXi 的区别

本任务重点介绍 VMware 两款虚拟化产品 VMware ESX 和 VMware ESXi 的区别,从二者的体系结构和操作管理方法以及对操作系统的依赖性方面进行讲解。

任务实施

VMware ESX 和 VMware ESXi 都是直接安装在服务器硬件上的裸机管理程序,不同之处在于 VMware ESXi 采用了独特的体系结构和操作管理方法。尽管二者都不依赖操作系统进行资源管理,但 VMware ESX 依靠 Linux 操作系统(称作服务控制台)来实现以下两项管理功能:执行脚本,以及安装用于硬件监控、备份或系统管理的第三方代理。ESXi 中已删除了服务控制台,从而大大减少了此管理程序的占用空间,实现了将管理功能从本地命令行界面迁移到远程管理工具。更小的 ESXi 代码库意味着"受攻击面"更小,需要修补的代码也更少,从而提高可靠性和安全性。服务控制台的功能由符合系统管理标准的远程命令行界面取代。

ESXi 5.0 版本以后,VMware 继续发布更新的 ESXi 版本,所以学习和使用 VMware 企业级虚拟化产品应当选择 VMware ESXi。

项 目 总 结

本项目对 VMware ESXi 技术进行了较为详细的介绍,包括 VMware ESXi 的安装、配置以及如何使用 VMware ESXi Web 工具管理 ESXi,以及如何创建和定制虚拟机。读者可以根据本项目中介绍的内容在 Windows 计算机上通过 VMware Workstation 安装 ESXi,只要使用的计算机内存达到 8GB 就可以流畅运行,不需要专门的服务器硬件设备。

实 践 任 务

实验名称:

通过 VMware ESXi 部署 CentOS 6 操作系统。

实验目的:

- 掌握在 VMware Workstation 下部署 ESXi 的方法。
- 掌握配置 VMware ESXi 服务器的方法。
- 掌握在 VMware ESXi 服务器中部署 CentOS 操作系统的方法。

实验内容:

- 在 VMware Workstation 中创建一台虚拟机(4 个 CPU、6GB 内存、100GB 硬盘、2 个网卡),在该虚拟机上安装 VMware ESXi,并为 ESXi 分配静态 IP 地址。
- 在 VMware ESXi 主机上创建一台虚拟机,加载 CentOS 6 操作系统安装光盘,并安装操作系统。

拓 展 练 习

1. 简述 VMware ESX 与 VMware ESXi 的区别。
2. 简述使用虚拟机部署 VMware ESXi 6.7 的过程。

项目 6　思杰虚拟化平台的搭建与维护

本项目主要介绍思杰虚拟化平台 XenServer 的基本概念、功能、安装和配置方法，如何使用 XenCenter 管理 XenServer，以及在 XenServer 上创建并配置虚拟机的一般方法和步骤。

 **项目目标**

1. 知识目标

➢ 了解 Citrix XenServer 虚拟化的基本概念。

➢ 了解 Citrix XenServer 虚拟化的新特性。

➢ 了解 Citrix XenServer 系统架构。

➢ 掌握 XenServer 和 XenCenter 的安装方法。

➢ 掌握在 XenServer 中部署虚拟机的方法。

2. 能力目标

➢ 能在物理机或虚拟机上安装 XenServer 系统。

➢ 能在 Windows 下安装 XenCenter 管理中心。

➢ 能通过 XenCenter 管理 XenServer。

➢ 能在 XenServer 平台下创建虚拟机。

➢ 能在虚拟机中安装 XenServer Tools 工具。

任务 6.1　思杰虚拟化平台概述

本任务是从总体上对思杰虚拟化平台进行介绍，目的在于让读者对思杰虚拟化有一个整体概念，为后面虚拟化平台的搭建和使用打下基础。

Citrix 即美国思杰公司，该公司是一家致力于云计算虚拟化、虚拟桌面和远程接入技术领域的高科技企业。现在流行的 BYOD(bring your own device，自带设备办公)就是 Citrix 公司提出的。1997 年 Citrix 确立发展愿景为："让信息的获取就像打电话一样简洁方便，让任何人在任何时间、任何地方都可以随时获取。"这个构想就是今天移动办公的雏形。随着互联网技术的快速发展，通过基于云计算技术的虚拟桌面，人们可以在任何时间、任何地点使用任何设备接入自己的工作环境，在各种不同的场景间无缝切换，使办公无处不在，轻松易行。Citrix XenServer(以下简称 XenServer)是 Citrix 公司推出的完整服务器端虚拟化平台；同时还有面向客户端部署的产品 XenApp 和 XenDesktop，它们能够满足企业级应用的需求。

XenServer 功能强大丰富，具有优秀的开放性架构、性能、存储集成和总拥有成本。

XenServer 是基于开源 Xen Hypervisor 的免费虚拟化平台,这个平台引进的多服务器管理控制台 XenCenter,具有关键的管理能力。XenCenter 可以管理虚拟服务器、虚拟机模板、快照、共享存储支持、资源池和 XenMotion 实时迁移。

XenServer 针对 Windows 和 Linux 虚拟服务器进行了优化。它可用于实现虚拟数据中心的集成管理和自动化。它具备一整套服务器虚拟化工具,可以节约整个数据中心的成本,提高数据中心的灵活性和可靠性,为企业提供高性能的支持。XenServer 具备多种新特性,能有效地管理虚拟网络,将所有虚拟机连接在一起,并为应用用户分配管理接入权限。

XenServer 是可以直接安装在裸机上的组件,用户可以在其中的虚拟机里安装操作系统。XenServer 的安装简单直接,利用 CD 或网络驱动安装程序,就可以将 XenServer 直接安装在主机系统上。基于 XenCenter GUI 的管理控制台可以安装在任何 Windows 计算机或服务器上。系统配置信息将保存在 XenServer 控制域的内部数据存储中,然后复制到集中管理下的所有服务器(这些服务器形成了一个资源池),以确保关键管理服务的高可用性。这种架构的好处就是无须为关键的管理功能单独配置数据库服务器。

任务 6.2　XenServer 的功能特性

XenServer 具有从管理基础架构到优化长期 IT 运营,从实现关键流程的自动化到交付 IT 服务所必需的功能来满足企业的 IT 要求,帮助企业将数据中心转化为 IT 服务交付中心。

6.2.1　利用 XenServer 实现数据中心业务的连续性

XenServer 可以自动完成关键 IT 流程,以改进虚拟环境中的服务交付,提高业务连续性,节省时间和成本,同时提供响应更灵敏的 IT 服务。XenServer 的业务连续性包括以下几点。

(1)站点恢复。为虚拟环境提供站点间灾难恢复规划和服务。站点恢复比较简单,恢复操作非常迅速,而且可以定期测试,以保证灾难恢复计划的有效性。

(2)动态工作负载均衡。可以使一个资源池里面的两台虚拟机自动均衡负载,从而提高系统的利用率和应用性能。工作负载均衡可对应用要求和可用的硬件资源进行配置,进而智能地将虚拟机放置在资源池中最合适的服务器上。

(3)高可用性。当虚拟机、虚拟机管理系统或服务器发生故障时,自动重启虚拟机。这种自动重启功能可以保护所有虚拟化应用,并为企业带来更高的可用性。

(4)主机电源管理。利用嵌入式硬件特性,动态地将虚拟机整合到数量更少的系统中,在服务需求波动时关闭未得到充分使用的服务器,进而降低数据中心的功耗。

(5)自动 VM 保护和恢复。利用简便易用的设置向导,管理员可以创建快照,并制定策略进行存档,定期快照可在虚拟机出现故障时提供帮助,防止数据丢失,制定的策略基于快照类型、频率、所保存的历史数据量以及归档位置。只需选择最后一个良好的已知归档,就可以删除虚拟机。

(6)内存优化。在主机服务器上的虚拟机之间,共享未使用的服务器内存,进而降低成本,提高应用性能,并实现更有效的保护。

6.2.2　利用 XenServer 实现高级集成和管理

有了 XenServer 的增强版，还可以利用多种先进的功能实现物理和虚拟资源的全面集成，并打造以更细粒度进行管理的虚拟环境。XenServer 的高级集成和管理包括以下几点。

（1）带可授权管理功能的 Web 管理控制台。Web 管理控制台可以将这个虚拟机的管理权限分配给用户，同时提供一种方法来帮助用户轻松地管理虚拟机的日常运行。

（2）应用置备服务。通过创建一系列黄金映像来降低存储要求，这些黄金映像能够传输到物理和虚拟服务器上，实现快速一致且可靠的应用部署。

（3）IntelliCache。XenServer 可以降低 XenDesktop 安装的总成本并提高系统的性能。XenServer 使用本地存储作为启动映像和临时数据的存储库，因此可缩短虚拟桌面的启动时间，减少网络流量，并节约 XenDesktop 安装的总体存储成本。

（4）分布式虚拟交换。创建一个多用户、高度安全而且异常灵活的网络架构，使虚拟机可以在网络中自由移动，同时拥有出色的安全性和控制功能。分布式虚拟交换可以将不同子网桥接起来，在不同网络、现场网络和云网络之间，实现虚拟机的动态迁移，而不需要任何人工干预。

（5）异构池。它支持资源池，其中包含使用不同处理器类型的服务器，并支持全面的 XenMotion、高可用性、工作负载均衡和共享存储功能。

（6）基于角色的管理。基于角色的管理可提高安全性，使用分层访问结构和不同权限级别，实现对 XenServer 资源池的可授权访问、控制和使用。

（7）性能报告和预警。迅速接收通知和虚拟机性能历史报告，快速识别和诊断虚拟基础架构中的故障。

6.2.3　高性能虚拟基础架构

搭建完整的虚拟基础架构，包括支持实时迁移的 64 位系统管理程序。虚拟基础架构提供的特性包括面向虚拟机和主机的集中管理控制台，以及一整套可快速构建并运行虚拟环境的工具。XenServer 的虚拟基础架构包括以下几种。

（1）XenServer。XenServer 是基于 Xen 的开源设计，是一种高度可靠、可用而且安全的虚拟化平台，它利用 64 位架构提供接近本地的应用性能和无与伦比的虚拟机密度。XenServer 通过一种直观的向导工具，帮助用户在十分钟内完成 Xen 部署，轻松完成服务器搭建、存储设备配置和网络设置。另外，通过磁盘快照和恢复可创建虚拟机和数据的定期快照，在出现故障的情况下，可以轻松恢复到已知的工作状态。磁盘快照还可以克隆，以加快系统部署。

（2）转换工具。XenServer 中包含的转换工具可以将任何物理服务器、桌面工作负载及现有的虚拟机转化为 XenServer 虚拟机。

（3）多服务器管理。XenCenter 可以通过单界面提供所有虚拟机监控管理功能，包括配置、补丁管理和虚拟机软件库等。IT 管理人员可以从一个安装在任何 Windows 桌面上的管理控制台轻松管理数百台虚拟机。如果某台管理服务器发生故障，资源池中的任何其他服务器都可以及时接替它的管理功能。

（4）XenMotion。XenMotion 允许将活动虚拟机迁移到新主机上，而不导致应用中断或停机，彻底避免计划外停机。

任务 6.3　XenServer 系统架构

XenServer 架构与 VMware 完全不同,因为 XenServer 是利用虚拟化感知处理器和操作系统进行开发的。XenServer 的核心是开源 Xen Hypervisor。在基于 Hypervisor 的虚拟化中有两种实现服务器虚拟化的方法:一种方法是将虚拟机产生的所有指令都翻译成 CPU 能识别的指令格式,这会给 Hypervisor 带来大量的工作负荷;另一种方法是直接执行大部分子机的 CPU 指令,在主机物理 CPU 中运行指令,工作负荷很小。

XenServer 采用了超虚拟化和硬件辅助虚拟化技术,客户机操作系统清楚地了解它们是基于虚拟硬件运行的。操作系统与虚拟化平台的协作,进一步简化了系统管理程序的开发,同时改善了系统的性能,如图 6-1 所示。

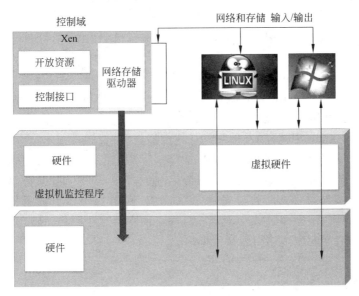

图 6-1　Xen 系统架构图

在 Xen 环境中,虚拟机监控程序(VMM)又称 Hypervisor。Hypervisor 层在硬件与虚拟机之间,是必须最先载入到硬件的第一层。Hypervisor 载入后,就可以部署虚拟机了。

在 Xen 中,虚拟机又称 Domain。在这些虚拟机中有一个虚拟机扮演着很重要的角色,这就是 Domain 0,它具有很高的管理员权限,通常在所有虚拟机之前安装的操作系统才有这种权限。

Domain 0 主要负责一些专门的工作,由于 Hypervisor 中不包含任何与硬件对话的驱动程序,也没有与管理员对话的接口,这些驱动程序由 Domain 0 来提供。

XenServer 的设备驱动程序也与 VMware 不同。如果采用 XenServer,则所有虚拟机与硬件的互操作行为都通过 Domain 0 控制域进行管理,而 Domain 0 控制域本身就是基于 Hypervisor 运行的、具有特定权限的虚拟机。Domain 0 运行的是安全加固型和优化过的 Linux 操作系统。对管理员来说,Domain 0 是整个 XenServer 系统的一部分,不需要任何安装和管理。正因为如此,XenServer 可以采用任何标准的开源 Linux 设备驱动,从而实现对各种硬件的广泛支持。

任务 6.4 安装 XenServer 和 XenCenter

本任务是整个项目的核心，重点讲解 XenServer 和 XenCenter 的安装部署过程。只有安装好了这两个平台，才能实现 XenServer 的虚拟化功能。

6.4.1 通过 VMware Workstation 安装 XenServer

XenServer 可以直接安装在计算机硬件之上，也可以在 VMware Workstation 虚拟机中安装，它可以运行若干台虚拟机服务器，并对外提供应用服务。XenServer 安装的硬件环境官方要求内存至少为 16GB，最好为 32GB 以上。若是在实验环境测试，12GB 也可以，需要确保硬盘存储空间充足，计算机硬件支持 Intel-VT（Intel virtulazation technology，Intel 虚拟化技术）功能。下面以在 VMware Workstation 虚拟机中安装 XenServer 7.0 为例，介绍具体的安装步骤。

1. 在 VMware Workstation 中创建一台虚拟机

假设当前使用的 VMware Workstation 版本是 15.5.6，XenServer 版本是 7.0，安装包文件为 XenServer-7.0.0-install-cd.iso。

（1）在 Workstation 中选择"文件"→"新建虚拟机"命令。

（2）选择"典型（推荐）"类型的配置，单击"下一步"按钮。

（3）选择"安装程序光盘映像文件（.iso）"，单击"浏览"按钮，选择 XenServer-7.0.0-install-cd.iso 映像安装文件。此处与安装 ESXi 6.X 不同，这里没有提示检测到操作系统，可以忽略这个问题，应该是 VMware 对 XenServer 的支持存在一些问题，如图 6-2 所示。单击"下一步"按钮，后面的配置使用默认值即可。

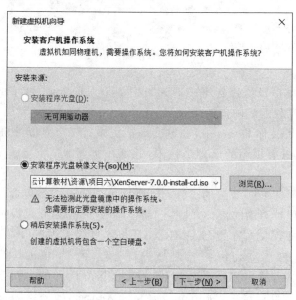

图 6-2 新建虚拟机向导

④ 全部配置完成后,单击"完成"按钮,如图 6-3 所示。

图 6-3 虚拟机配置信息

2. 开始安装 XenServer

开启虚拟机,此时会显示初始引导消息和 Welcome to XenServer 界面,如图 6-4 所示。在这个界面下有两个选项,按 F1 键表示进行标准安装,按 F2 键表示进行高级安装。

图 6-4 开始安装欢迎界面

选择按 F1 键进行标准安装,进入安装设置界面,在键盘布局界面中,选择要在安装过程中使用的键盘布局,此处选中"[qwerty] us",如图 6-5 所示。

选择键盘布局后会显示 Welcome to XenServer Setup 界面,如图 6-6 所示。告知用户在安装 XenServer 时会重新格式化本地磁盘,所有原来的数据都会丢失,并且要求用户确认是否有重要数据,确定后单击 Ok 按钮。在整个安装过程中,通过按 F12 键,可以快速前进到下一个界面。要获得常规的帮助,则按 F1 键。

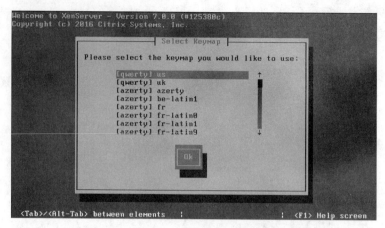

图 6-5　选择键盘布局

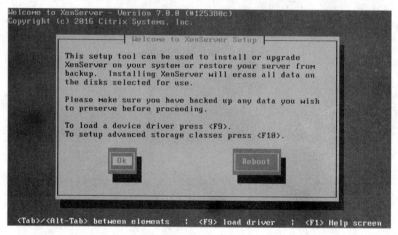

图 6-6　开始安装 XenServer

3. 接受用户协议

阅读并接受 XenServer 最终用户许可协议,因为 Xen 的内核版本是 Linux 开源系统,所以必须选择 Accept EULA(同意用户许可协议),如图 6-7 所示。

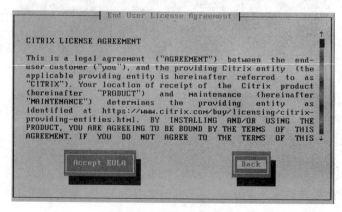

图 6-7　用户许可协议

4. 选择安装本地磁盘

在如果需要移动光标,可以按 Tab 键,并确定是否使用空格键。选择好磁盘后,单击 Ok 按钮,如图 6-8 所示。

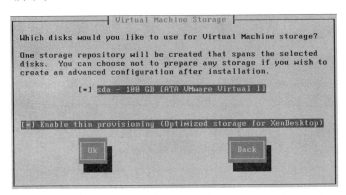

图 6-8　选择存储磁盘

5. 选择安装文件来源

在选择安装源(安装文件映像)界面中选择 Local Media(本地介质)作为安装源,如图 6-9 所示。

6. 确认是否需要额外的文件

当系统提示是否需要安装增补包时,单击 No 按钮,然后继续安装,如图 6-10 所示。

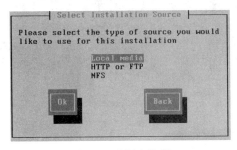

图 6-9　选择安装源

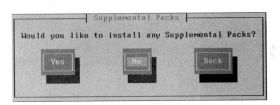

图 6-10　询问是否安装增补包

7. 验证安装文件

此处提示是否需要验证安装包,由于安装包均从官网下载,验证过程较慢,所以一般情况下直接选择 Skip verification,单击 Ok 按钮,进入下一步的操作,如图 6-11 所示。

图 6-11　验证安装源

97

8. 设置 XenServer 服务器的 root 用户登录密码

当通过 XenCenter 链接 XenServer 服务器时，需要用户密码，尽量设置复杂密码（长度不低于 8 位，应包含大小写字母、数字和特殊符号），如图 6-12 所示。

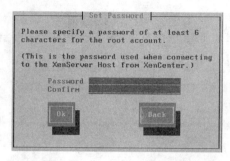

图 6-12　设置 root 用户密码

9. 设置网络

这里将设置服务器网卡的 IP 地址，可以指定为静态 IP 地址，也可以采用 DHCP 自动获取 IP 地址，读者可以根据自己的网络环境进行设置，如图 6-13 和图 6-14 所示。

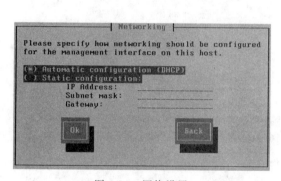

图 6-13　网络设置

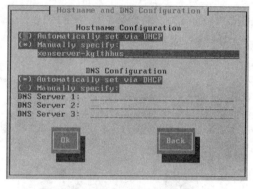

图 6-14　DHCP 设置

10. 区域和时间服务器设置

紧接着需要设置区域和时间以及确定本地时间的方法和设置时间服务器，具体设置界面如图 6-15～图 6-17 所示。

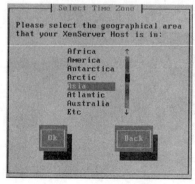

图 6-15　选择区域

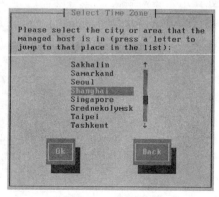

图 6-16　选择城市

11. 执行安装

XenServer 执行安装如图 6-18 所示。

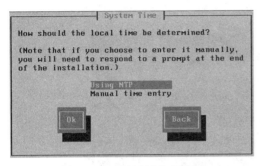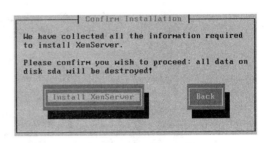

图 6-17　时间更新方式设置　　　　　图 6-18　确认执行安装

12. 安装进度

XenServer 安装进度如图 6-19 所示。

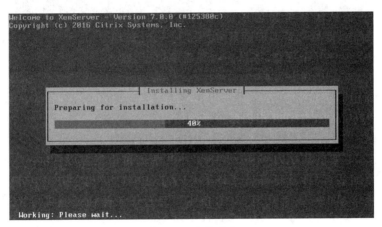

图 6-19　安装进度

13. XenServer 启动界面

XenServer 启动界面如图 6-20 所示。

图 6-20　启动界面

99

14. 启动完成

当 XenServer 服务器重新启动完成后,XenServer 将显示 XSconsole 界面,这是系统配置控制台。到这里,XenServer 安装完毕并且启动成功,如图 6-21 所示。

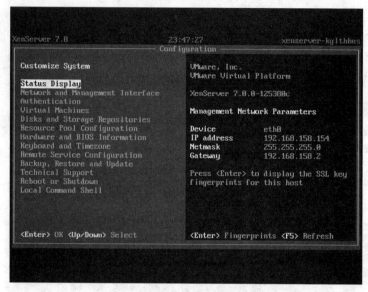

图 6-21　XenServer 控制台界面

6.4.2　在 Windows 下安装 XenCenter 管理中心

1. 获取 XenCenter 安装包

从 Citrix 公司官网获取 XenCenter 安装包,此处以 XenServer 7.0.1 中文版为例。获取到安装包文件后,双击安装图标,启动安装程序,稍等片刻,自动进入安装程序欢迎界面,如图 6-22 所示。在安装程序欢迎界面中单击"下一步"按钮,然后选择要安装的目标文件夹。

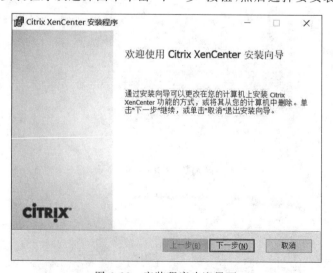

图 6-22　安装程序欢迎界面

2. 设置安装选项

在安装程序的"自定义安装"界面,如图 6-23 所示,选择要安装的目标文件夹。根据自己的机器设置选择合适的路径,也可以设置本程序是所有人可见还是仅自己可见。设置完毕,单击"下一步"按钮,进入下一步操作。

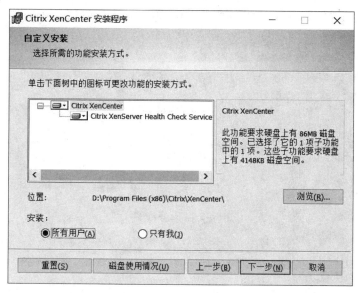

图 6-23　选择目标文件夹

3. 安装程序

设置完安装参数后,进入安装界面,单击"安装"按钮,开始安装,如图 6-24～图 6-26 所示。

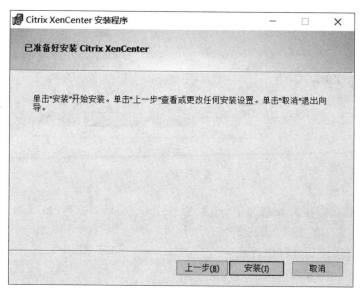

图 6-24　开始安装

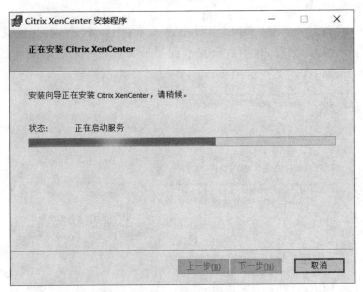

图 6-25　安装进度

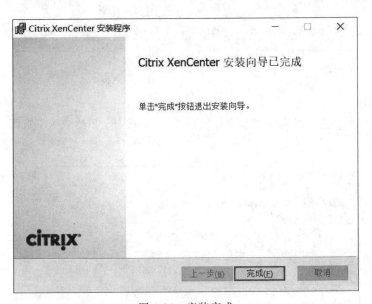

图 6-26　安装完成

4. 启动 XenServer 程序

启动 XenServer 程序并加载完毕,进入 XenServer 启动完成界面,在这个界面中可以看到服务器的网络 IP 地址。假设服务器网络 IP 地址为 192.168.158.154,后续访问该XenServer 服务器均使用此网络地址。

5. 利用 XenCenter 连接 XenServer 服务器

启动 XenCenter,进入 XenCenter 主界面,如图 6-27 所示,在主界面中单击"添加服务器"按钮,打开添加服务器界面,如图 6-28 所示。这里的服务器地址就是第 4 步中显示的服务器网络 IP 地址 192.168.158.154,用户名和密码为安装 XenServer 服务器时所设置的参数。

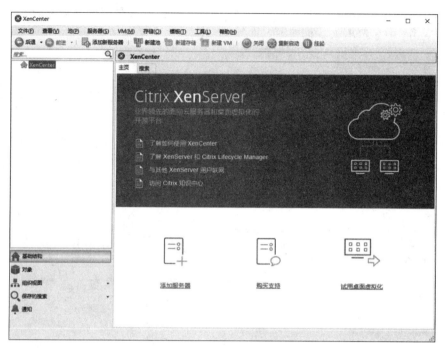

图 6-27　XenCenter 主界面

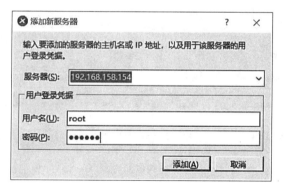

图 6-28　XenCenter 添加服务器界面

任务 6.5　虚拟机的创建和使用

本任务在 XenServer 平台下创建虚拟机,首先详细介绍了映像文件的上传,虚拟机系统的安装,以及对虚拟机的管理和配置,然后介绍了 XenServer 工具的安装和使用。

6.5.1　在 XenServer 平台下创建虚拟机

1. 环境准备

要创建虚拟机,需要准备一个操作系统的 ISO 映像文件。进入 XenServer 服务器控制台,创建一个用于存放 ISO 文件的目录,并建立该 ISO 文件夹对应的 SR(存储库),成功后会在 XenCenter 中显示出来。创建 SR 的命令如下。

新建目录 /var/opt/xen/iso
执行如下命令:

```
xe sr-create name-label=iso type=iso device-config:location=/var/opt/xen/iso
device-config:legacy_mode=true content-type=iso
```

创建好 ISO 文件夹对应的 SR 后,通过 FTP 工具将创建虚拟机所需要的映像文件上传到/var/opt/xen/iso 目录下。本书通过 SecureCRT 自带的 SecureFX 上传映像文件,如图 6-29 所示。

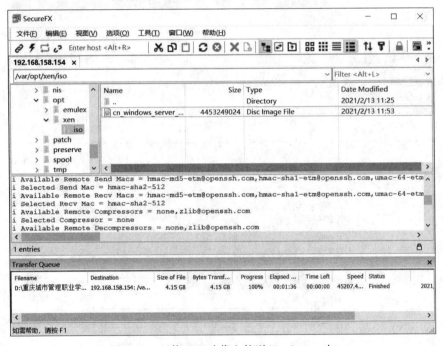

图 6-29 上传 ISO 映像文件到 XenServer 中

成功上传映像文件后,通过 XenCenter 连接到 XenServer,就可以看到已经上传的相应映像文件,如图 6-30 所示。

2. 创建虚拟机

在 XenServer 上可以创建 Windows 和 Linux 等虚拟机。XenServer 支持大部分的主流操作系统,可以克隆相应的模板,然后安装操作系统。每台虚拟机上必须安装 XenServer Tools,XenServer 升级必须包含 XenServer Tools。下面以新建 Windows Server 2012 R2 (64 位)虚拟机为例。

(1) 在 XenCenter 工具栏上选择"新建 VM"(新建虚拟机)选项,或者选择 VM→"新建 VM"命令,打开新建虚拟机向导界面,如图 6-31 所示。

(2) 选择 VM 模板为 Windows Server 2012 R2(64-bit),如图 6-32 所示。

(3) 输入新的虚拟机名称和说明,然后单击"下一步"按钮,如图 6-33 所示。

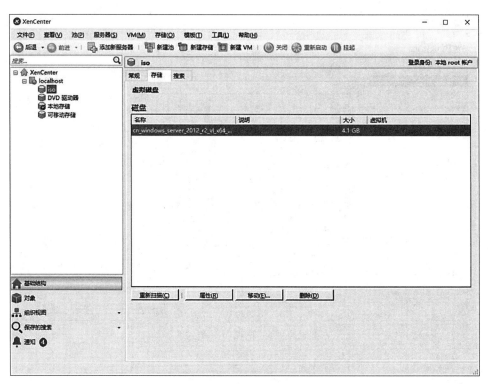

图 6-30　查看映像文件

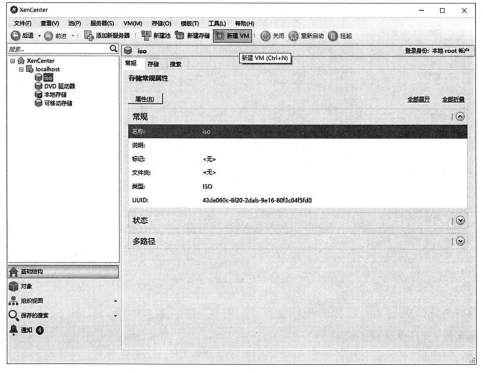

图 6-31　新建 VM 向导

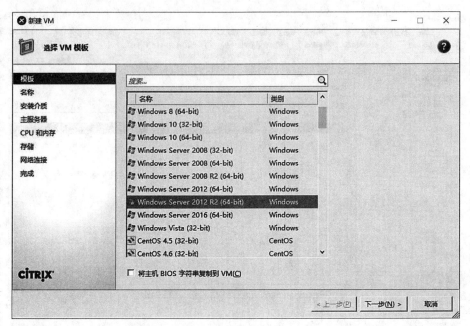

图 6-32　选择 VM 模板

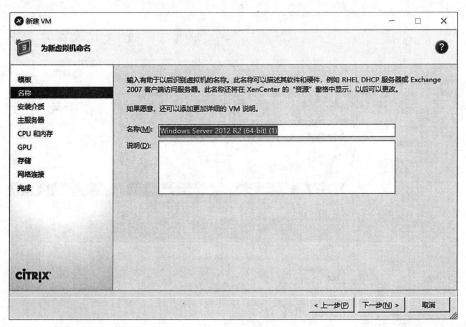

图 6-33　设置名称和说明

（4）选择 VM 安装所需要的映像文件，这里选择前面上传的 Windows Server 2012 R2 的映像文件，如图 6-34 所示。

（5）为虚拟机选择主服务器或群集，如果为虚拟机指定主机服务器，则只要该服务器可用，就始终在当前虚拟机上启动，否则可自动选择相同池中的备用服务器，如图 6-35 所示。

图 6-34　选择安装源

图 6-35　选择主机服务器

（6）设置虚拟机内存和 CPU。对于 Windows 操作系统，选择默认设置即可，当然也可以根据实际情况去修改。单击"下一步"按钮，如图 6-36 所示。

（7）为新虚拟机配置存储。为新的虚拟机分配和配置存储时要注意，XenServer 服务器必须有足够的剩余存储空间。使用默认配置，单击"下一步"按钮，如图 6-37 所示。

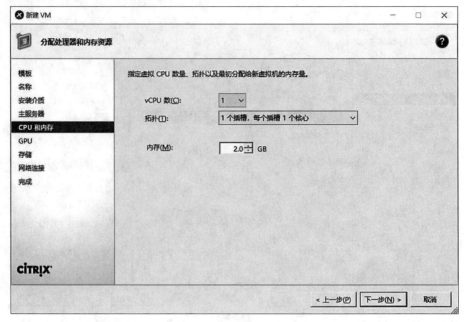

图 6-36　设置 CPU 和内存

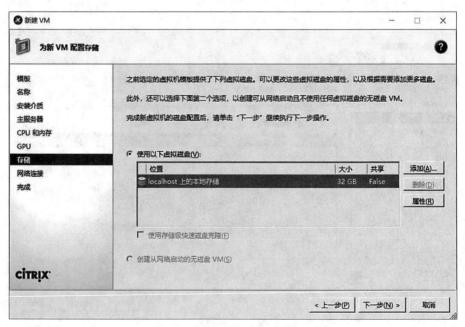

图 6-37　选择本地存储

　　（8）为新虚拟机配置网络。在设置网络界面时，可以使用默认网卡和配置，也可以单击"添加"按钮添加一个虚拟网卡，如图 6-38 所示，单击"下一步"按钮。

　　（9）确认虚拟机配置。全部配置设置完成之后，需要再次确认之前的选择，确认没有问题后，单击"立即创建"按钮，以创建新的虚拟机，如图 6-39 所示。

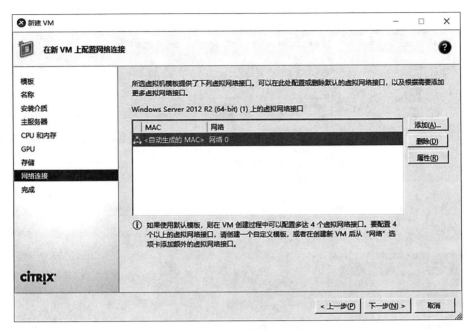

图 6-38 设置虚拟机网络

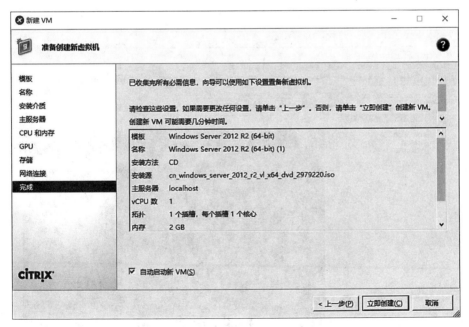

图 6-39 确认虚拟机信息

（10）完成虚拟机创建如图 6-40 所示。

（11）给虚拟机安装操作系统如图 6-41 所示。

在虚拟机中安装操作系统的步骤与在物理机中安装的步骤基本一样，这里就不再详细讲解了。

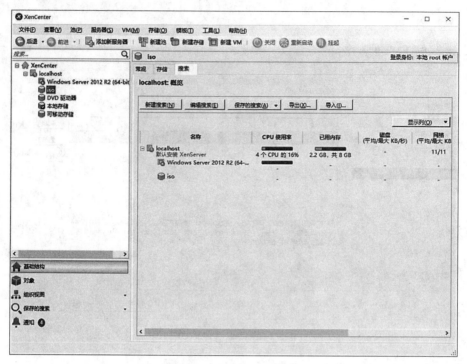

图 6-40　完成虚拟机创建

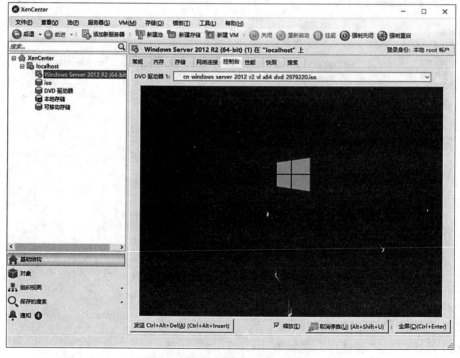

图 6-41　给虚拟机安装操作系统

6.5.2　在虚拟机中安装 XenServer Tools 工具

XenServer Tools 可以提供高速的输入/输出，以实现更高的磁盘和网络性能，XenServer Tools 必须安装在每台虚拟机上，使得虚拟机具有完全被系统支持的配置。尽管没有 XenServer Tools 虚拟机也可以工作，但是其性能将大打折扣。XenServer Tools 还支持某些功能特性，包括彻底关闭，重新引导，挂起和实时迁移虚拟机等。

（1）在 XenCenter 窗口中选择 VM→"安装 XenServer Tools"命令，如图 6-42 所示。

（2）此时弹出"安装 XenServer Tools"对话框，询问是否希望将 XenServer Tools DVD 插入 VM 的 DVD 驱动器，单击"安装 XenServer Tools"按钮，如图 6-43 所示。

图 6-42　VM 菜单

图 6-43　安装确认

（3）此时，XenServer Tools 以 ISO 的形式插入虚拟机的虚拟光驱中。打开 Windows 2012 虚拟机中"这台电脑"窗口中的设备和驱动器，找到已经挂载 XenServer Tools 映像文件的 CD 驱动器并双击 xensetup.exe 文件，运行该程序，如图 6-44 所示。

图 6-44　安装 XenServer Tools

（4）运行安装程序，自动打开 XenServer Tools 安装向导的配置步骤，单击 Next 按钮，如图 6-45 所示。

（5）在接受许可协议界面中，勾选 I accept the terms in the License Agreement 选项，接受许可协议，然后单击 Next 按钮，如图 6-46 所示。

图 6-45　配置向导

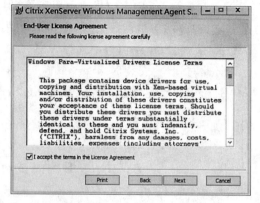

图 6-46　接受协议

（6）后续更改安装目标文件夹及安装确认等操作均用默认选项即可，最后完成安装，如图 6-47 所示。

图 6-47　完成安装

任务 6.6　XenCenter 的监视功能

XenCenter 能对 XenServer 中运行的 VM 进行实时监控。在 XenCenter 的主窗口右侧有多个选项卡，通过单击相应的标签，就能方便地对当前 XenServer 中的 VM 进行实时的定量监测，可以很好地分析每台 VM 的使用效率，从而更好地进行资源调配，发挥资源的复用率。

（1）"内存"选项卡。单击左侧目录 XenCenter 下的 Xen 服务器（此处为 localhost），再单击"内存"选项卡，就可以看到当前两台虚拟机（VM）的内存使用情况示意图，可以直观地看到每台虚拟机的内存总量,以及占 XenServer 总内存的比重和空闲内存量,如图 6-48 所示。

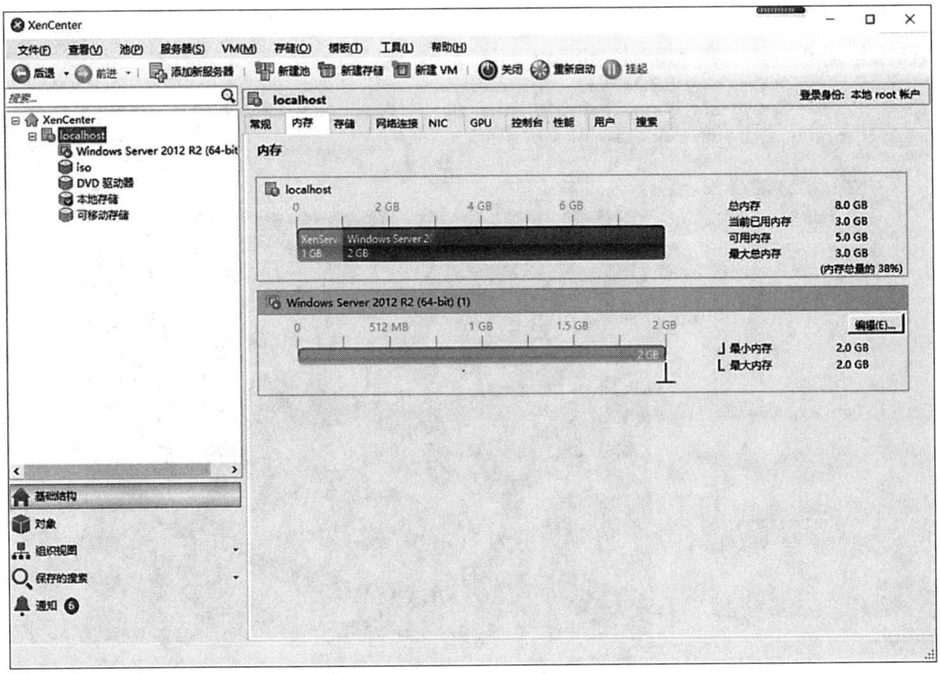

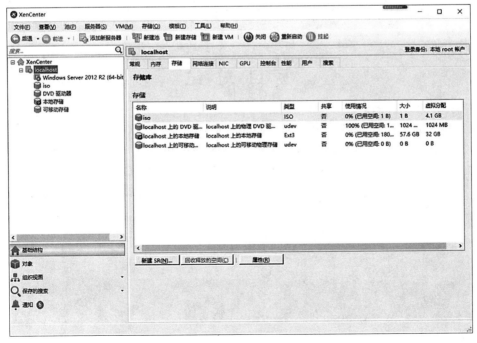

图 6-48　"内存"选项卡

(2)"存储"选项卡。单击该选项卡,就可以看到 XenServer 存储空间的使用情况,方便管理员进行新虚拟机的安装配置,如图 6-49 所示。

图 6-49　"存储"选项卡

113

（3）"控制台"选项卡。单击该选项卡，就可以进入 XenServer 的远程控制台命令行窗口界面，从而对 XenServer 进行远程的配置和更加细化的管理，如图 6-50 所示。

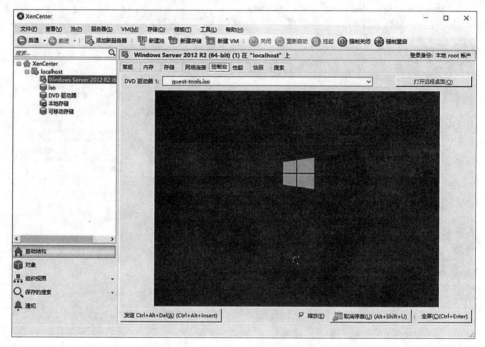

图 6-50 "控制台"选项卡

以上就是监控功能中比较重要的几个选项卡。其他还有如"网络连接""性能""搜索"等选项卡，这些选项卡中的功能简单易懂，这里就不再详细讲解，大家可以自行查阅相关资料进行学习。

项 目 总 结

本项目介绍了 XenServer 的概况，并阐述了 XenServer 和 XenCenter 的安装及配置过程，详细介绍了如何创建基于模板的虚拟机，如何定制其中的选项，以及 XenCenter 的部分监控功能。XenServer 是基于服务器端的虚拟化平台，它的功能全面、性能强大，安装配置方便，通过 XenCenter 可以对数据中心进行轻松直观的管理工作。

实 践 任 务

实验名称：
通过 VMware Workstation 部署 XenServer 服务器。
实验目的：
● 掌握获取 XenServer 映像文件的方法。

- 掌握在 VMware Workstation 下部署 ESXi 的方法。
- 掌握配置 XenServer 服务器的方法。

实验内容：

- 在 VMware Workstation 中创建一台虚拟机（4 个 CPU、8GB 内存、200GB 硬盘、1 个网卡），在该虚拟机上安装 XenServer，并设置 XenServer 的网络地址，再通过 DHCP 获取网络地址。
- 通过 XenCenter 链接并管理 XenServer 服务器。
- 通过 XenCenter 在 XenServer 中部署 Windows 2012 操作系统。

拓 展 练 习

一、选择题

1. Citrix XenServer 系列产品的组成部分是（　　）。

    A. XenDesktop　　　　B. XenApp　　　　C. XenCenter　　　　D. XenServer

2. XenServer 架构的核心是（　　）。

    A. Xen Hypervisor　　　　　　　　B. XenMotion

    C. Domain0　　　　　　　　　　　D. Linux 操作系统核心

3. 以下的虚拟机系统中，可以独立安装在计算机硬件之上，不需要其他操作系统支持的是（　　）。

    A. VMware Workstation　　　　　　B. Citrix XenServer

    C. Microsoft VPC　　　　　　　　　D. VirtualBox

二、简答题

1. XenServer 在系统架构方面有哪些重要特点？

2. XenCenter 可以实现什么功能？

项目 7　CecOS 虚拟化平台的搭建与维护

CecOS 即中文企业云操作系统,是目前主流的几个虚拟化平台之一。本项目通过讲解 CecOS 虚拟化平台的概况,让读者对 CecOS 有总体上的了解。通过讲解 CecOS 基础操作系统和虚拟化组件的安装部署,使读者掌握在 CecOS 虚拟化平台部署虚拟机的方法,并详细讲解 CecOS 虚拟化平台的管理工具。

 **项目目标**

1. 知识目标
- ➢ 了解 CecOS 虚拟化平台的概念和作用。
- ➢ 了解 CecOS 基础操作系统的安装方法。
- ➢ 掌握 CecOS 虚拟化组件的部署方法。
- ➢ 掌握 CecOS 管理平台的用法。

2. 能力目标
- ➢ 能通过虚拟机或者物理机安装 CecOS 基础操作系统。
- ➢ 能通过 ALLINONE 模式部署 CecOS 虚拟化组件。
- ➢ 能通过独立模式部署 CecOS 虚拟化组件。
- ➢ 能使用 CecOS 管理平台管理虚拟机。

任务 7.1　CecOS 虚拟化平台概述

本任务重点讲解 CecOS 的发展历史、概况以及 CecOS 的核心产品。通过本任务的学习,读者可以掌握 CecOS 虚拟化平台的发展历程以及核心产品,并了解各大产品的优点和应用场景等。

CecOS 的中文是企业云操作系统。其第一个版本基于 oVirt 3.0,后续版本在此基础上不断升级迭代并拓展至今,已形成基于基础底层和应用功能拓展集成在内的 10 款产品和四大平台。CecOS 旨在通过先进的云计算等相关技术,以开源创新技术为基石,业务应用交付为目标,实现用户 IT 信息化建设需求的最大价值提升,为构建智慧、智能,四高(高安全、高可靠、高性能、高效率)的综合信息化业务提供完善的配套支持和服务保障。

CecOS 核心产品由 IaaS(基础设施能力平台)、SDN(智能网络能力平台)、SDS(智能存储能力平台)、CaaS(容器应用服务平台)四大能力平台组成。其中,IaaS 包括 CecOS 基础系统、CecOSvt 虚拟化组件和 CecOS Hypervisor 三个产品;SDS 则由 CecOSvt 和 CecOS Hypervisor 实现。

任务 7.2　CecOS 基础系统安装

本任务通过详细讲解,使读者掌握在 VMware Workstation 虚拟机下,安装 CecOS 基础操作系统的方法和完整步骤。通过本任务的学习,读者可以掌握如何在虚拟机下安装 CecOS 基础操作系统。

7.2.1　准备工作

在安装 CecOS 基础操作系统之前,需要做好软、硬件的准备工作,才能开始安装,具体要求如表 7-1 所示。

表 7-1　CecOS 基础操作系统基本要求表

编号	项目	要　　　求
1	处理器	AMD 或 Intel 64 位,支持虚拟化,并开启 VT
2	内存	最小 4GB,推荐大于 16GB
3	网卡	千兆网卡
4	硬盘	最小 20GB,推荐大于 50GB
5	软件	一张 CecOS 系统光盘或者一个 ISO 映像文件 CecOS-180726.iso

7.2.2　安装 CecOS

本次安装采用虚拟机 VMware Workstation。

(1)新建虚拟机。虚拟机的新建步骤如图 7-1～图 7-4 所示。

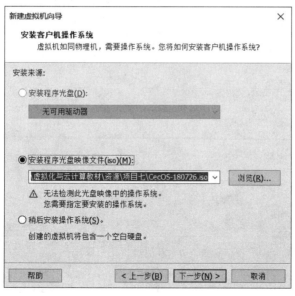

图 7-1　设置映像文件

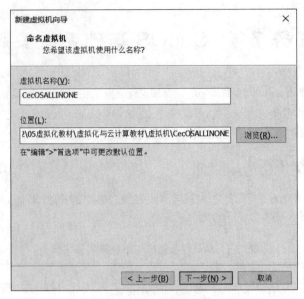

图 7-2　虚拟机的命名

图 7-3　开启虚拟化引擎

（2）开始安装。打开计算机（虚拟机），映像文件已经加载到光驱。进入系统安装引导界面，选择第一个选项，开始安装，如图 7-5 所示。

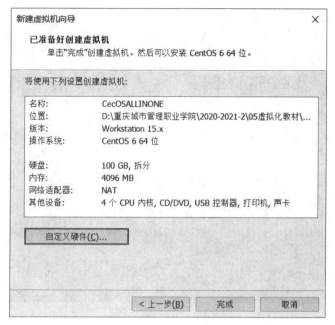

图 7-4　虚拟机参数概览

图 7-5　开始安装

（3）是否检测光盘。可以根据实际情况选择 OK 或者 Skip。选择 OK 后，开始检测光盘，检测完成后会弹出光驱，这时需要重新载入光盘才能继续安装；选择 Skip，则直接开始安装。为了节约时间，本次安装选择 Skip，以便跳过检查，直接进入安装步骤，如图 7-6所示。

（4）选择安装语言。本处选择中文（简体）选项，完成后单击"下一步"按钮，如图 7-7所示。

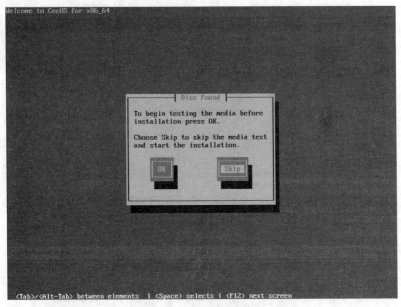

图 7-6　是否检测光盘

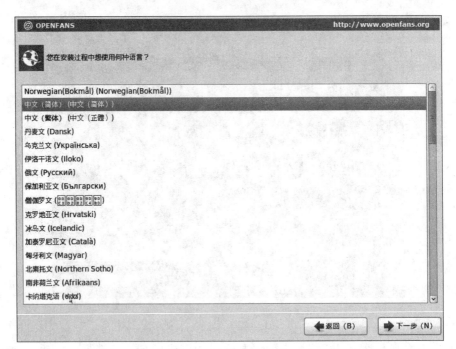

图 7-7　选择语言

　　(5) 设置键盘选项。设置完键盘选项后，单击"下一步"按钮，如图 7-8 所示。

　　(6) 选择存储设备类型。选择合适的存储设备类型后，单击"下一步"按钮继续，如图 7-9 所示。

　　(7) 确认是否覆盖数据。根据实际情况，选择覆盖或保留数据，通常选择"是，忽略所有

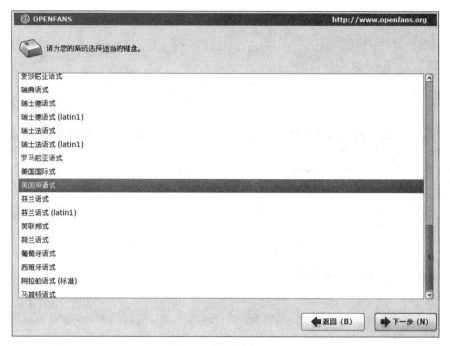

图 7-8　设置键盘选项

图 7-9　选择存储设备类型

数据"选项,继续下一步操作,如图 7-10 所示。

（8）设置主机名称。根据实际情况设置自己的主机名称,一般设置为×××.com 的主机名称,如图 7-11 所示。此处主机名设置为 cecosallinone.com,然后继续设置主机网络。

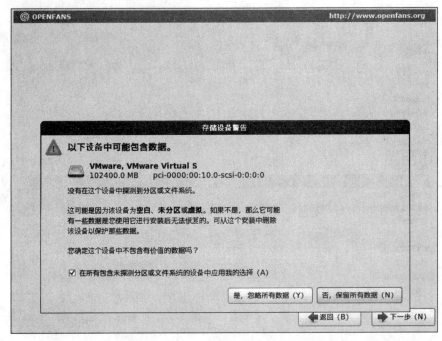

图 7-10　确认是否保留数据

图 7-11　设置主机名称

　　（9）设置主机网络。在完成主机名的设置后，单击"配置网络"按钮，打开网络配置的相关界面进行设置，如图 7-12～图 7-14 所示。

图 7-12　单击"编辑"按钮

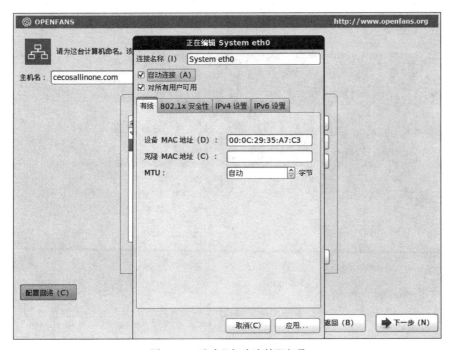

图 7-13　选中"自动连接"选项

（10）选择所在时区。配置完进入下一步，选择所在时区为"亚洲/上海"，并取消选择
"系统时钟使用 UTC 时间"选项，如图 7-15 所示。

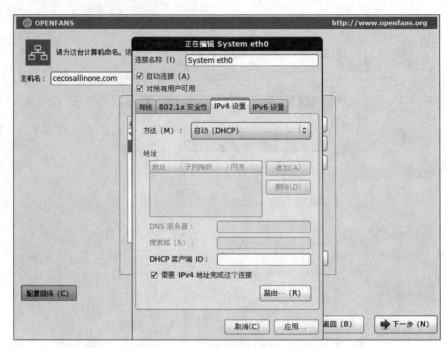

图 7-14   在"方法"下拉列表中选择"自动（DHCP）"选项

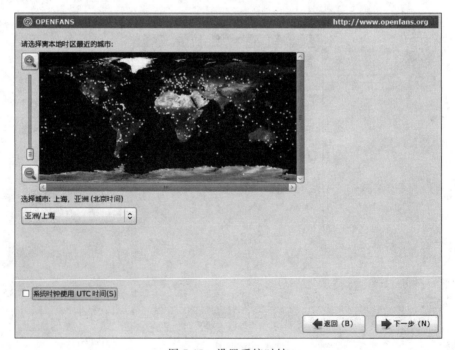

图 7-15   设置系统时钟

（11）设置系统管理员密码。此处要求复杂密码（大小写字母、数字和特殊符号的组合）。如果为简单密码，系统会提示用户是否确定使用此密码，得到确认后，可以继续使用简单密码，如图 7-16 所示。

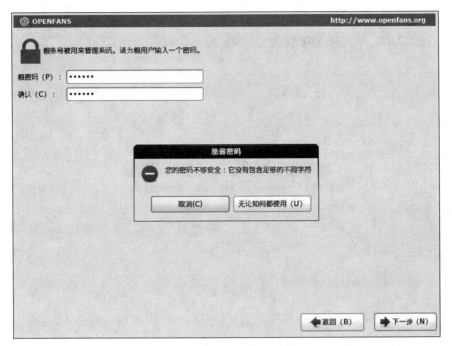

图 7-16　设置管理员密码

（12）选择安装类型。此处选择"使用所有空间"选项，然后单击"下一步"按钮，如图 7-17 所示。

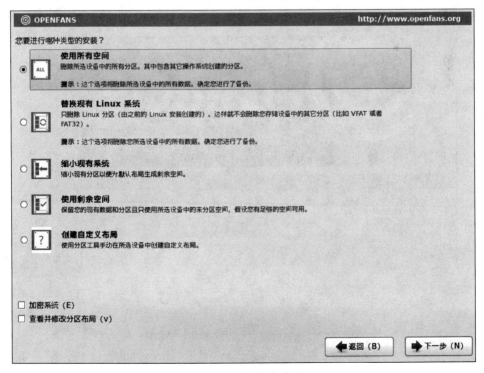

图 7-17　选择安装类型

（13）确认将修改写入磁盘如图 7-18 所示。

图 7-18　确认修改写入磁盘

（14）安装进度提示如图 7-19 所示。

图 7-19　安装进度提示

（15）安装完成。如图 7-20 所示，单击"重新引导"按钮重新启动系统。

126

图 7-20   完成安装

至此,基础操作系统的安装已经完成,下面进入虚拟化组件的安装。

任务 7.3   CecOSvt 虚拟化组件的 ALLINONE 部署模式

本任务重点讲解 CecOS 虚拟化组件的 ALLINONE 部署模式,CecOS 虚拟化又称为 CecOS Virtualization,简称 CecOSvt,由管理节点和计算节点组成。在基础操作系统下部署时,可以将管理节点和计算节点部署在同一台服务器上,就称为 ALLINONE;也可以将管理节点和计算节点分开部署,称为独立部署。

7.3.1   准备工作

在安装 CecOS 虚拟化组件之前,需要一定的条件才能继续安装,即一台安装了 CecOS 基础系统的服务器(或者虚拟机),以及 CecOSvt 映像(CecOSvt-180731.iso)或配套光盘。

7.3.2   CecOS 系统的配置

1. 网络配置确认

在安装 CecOS 虚拟化组件之前,先确认基础操作系统服务器的网络环境,使用 ifconfig 或者 ip a 命令查看网络,如图 7-21 所示。如果网络参数没有配置完成,需要先配置网络参数,具体配置方法参考相关资料。

127

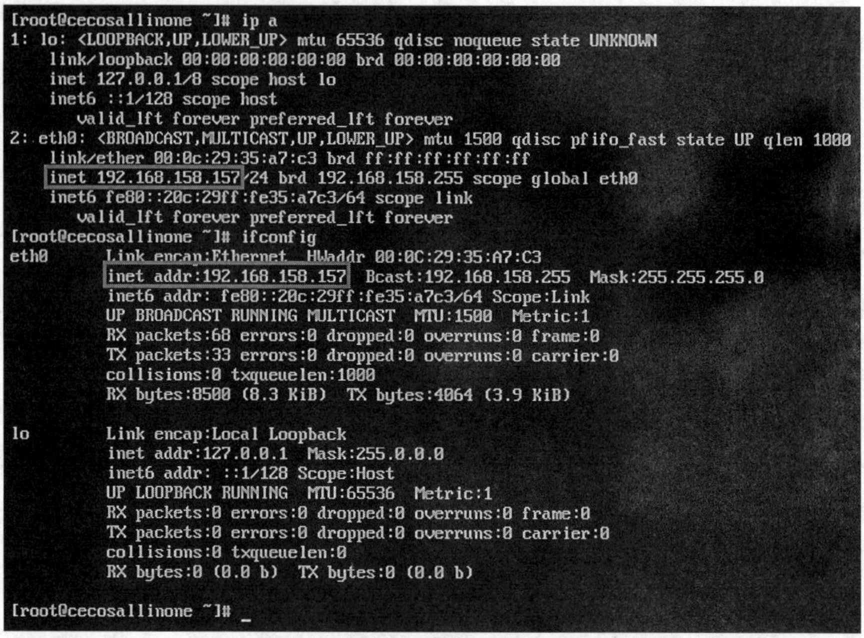

```
[root@cecosallinone ~]# ip a
1: lo: <LOOPBACK,UP,LOWER_UP> mtu 65536 qdisc noqueue state UNKNOWN
    link/loopback 00:00:00:00:00:00 brd 00:00:00:00:00:00
    inet 127.0.0.1/8 scope host lo
    inet6 ::1/128 scope host
       valid_lft forever preferred_lft forever
2: eth0: <BROADCAST,MULTICAST,UP,LOWER_UP> mtu 1500 qdisc pfifo_fast state UP qlen 1000
    link/ether 00:0c:29:35:a7:c3 brd ff:ff:ff:ff:ff:ff
    inet 192.168.158.157/24 brd 192.168.158.255 scope global eth0
    inet6 fe80::20c:29ff:fe35:a7c3/64 scope link
       valid_lft forever preferred_lft forever
[root@cecosallinone ~]# ifconfig
eth0      Link encap:Ethernet  HWaddr 00:0C:29:35:A7:C3
          inet addr:192.168.158.157  Bcast:192.168.158.255  Mask:255.255.255.0
          inet6 addr: fe80::20c:29ff:fe35:a7c3/64 Scope:Link
          UP BROADCAST RUNNING MULTICAST  MTU:1500  Metric:1
          RX packets:68 errors:0 dropped:0 overruns:0 frame:0
          TX packets:33 errors:0 dropped:0 overruns:0 carrier:0
          collisions:0 txqueuelen:1000
          RX bytes:8500 (8.3 KiB)  TX bytes:4064 (3.9 KiB)

lo        Link encap:Local Loopback
          inet addr:127.0.0.1  Mask:255.0.0.0
          inet6 addr: ::1/128 Scope:Host
          UP LOOPBACK RUNNING  MTU:65536  Metric:1
          RX packets:0 errors:0 dropped:0 overruns:0 frame:0
          TX packets:0 errors:0 dropped:0 overruns:0 carrier:0
          collisions:0 txqueuelen:0
          RX bytes:0 (0.0 b)  TX bytes:0 (0.0 b)

[root@cecosallinone ~]# _
```

图 7-21　查看网络参数

2. 绑定主机名

在绑定主机名之前，先要查看当前主机的名字，使用 hostname 命令查看当前主机的主机名，如图 7-22 所示。如果需要修改主机名，使用 hostname newname 命令修改。此处不需要修改主机名。

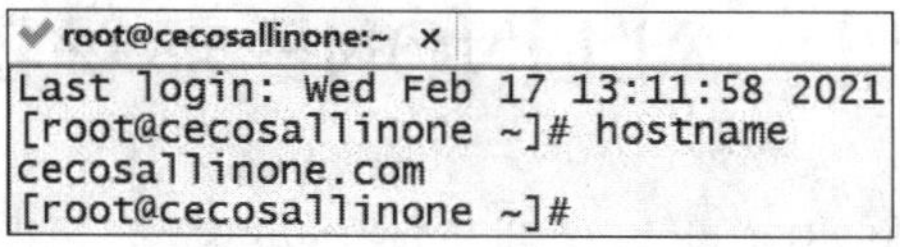

```
root@cecosallinone:~ ×
Last login: Wed Feb 17 13:11:58 2021
[root@cecosallinone ~]# hostname
cecosallinone.com
[root@cecosallinone ~]#
```

图 7-22　查看当前主机名

主机名需要修改两处：一处是/etc/sysconfig/network，另一处是/etc/hosts。只修改任一处会导致系统启动异常。

首先切换到 root 用户，通过 vi /etc/sysconfig/network 命令编辑文件。打开该文件，里面有一行默认程序为 HOSTNAME＝localhost.localdomain，将 localhost.localdomain 修改为主机名 cecosallinone.com。如果已经有了主机名，则此步骤不需要修改。

接着编辑文件/etc/hosts，请在该文件中加入主机名和本地 IP 地址的映射关系，例如主机名是 cecosallinone.com，IP 地址是 192.168.158.157，那么在 hosts 文件中应该配置为：192.168.158.157 cecosallinone.com，具体效果如图 7-23 所示。

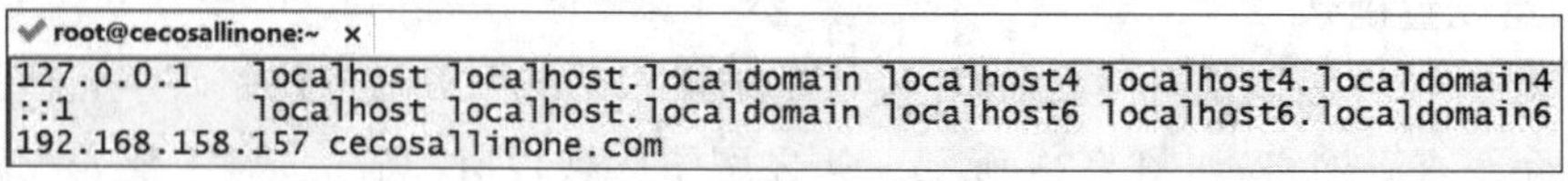

```
root@cecosallinone:~ ×
127.0.0.1    localhost localhost.localdomain localhost4 localhost4.localdomain4
::1          localhost localhost.localdomain localhost6 localhost6.localdomain6
192.168.158.157 cecosallinone.com
```

图 7-23　hosts 配置文件

注意：配置文件中默认的两行文字不能删除，一定要保留好。

7.3.3 CecOSvt 的安装

在完成基础操作系统的环境准备之后，可以开始 CecOSvt 虚拟化组件的安装。

1. 设置映像文件

打开虚拟机的设置，将 CD/DVD（IDE）属性设置成虚拟机组件映像文件 CecOSvt-180731.iso，如图 7-24 所示。

图 7-24 设置虚拟化组件映像文件

注意：需选中设备状态处的"已连接"和"启动时连接"选项。

2. 挂载映像

在完成了映像文件的设置之后，如果要在基础操作系统中使用映像文件，需要先执行挂载操作，将映像文件挂载到基础操作系统的/mnt 目录下，参考命令为：

```
mount /dev/cdrom /mnt/
```

挂载完成后的效果如图 7-25 所示。

3. 安装预置环境

映像文件挂载成功后，执行 sh ./run 命令来完成预置环境的安装，执行效果如图 7-26 所示，表示预置环境安装成功，并提示用 cecosvt-install 命令来安装 CecOSvt 插件。

4. 安装虚拟化组件

执行 cecosvt-install 命令，开始虚拟化组件的安装，执行命令后会提示如图 7-27 所示的界面，可根据需要选择安装模式。其中，[1]为仅安装管理节点；[2]为仅安装计算节点；[3]为[1] 和[2] 共同安装，称为 ALLINONE。

```
root@cecosallinone:/mnt ×
Last login: Wed Feb 17 15:07:19 2021 from 192.168.158.1
[root@cecosallinone ~]# mount /dev/cdrom /mnt/
mount: block device /dev/sr0 is write-protected, mounting read-only
[root@cecosallinone ~]# cd /mnt/
[root@cecosallinone mnt]# ll
总用量 36
-r--r--r--.  1 root root     4 3月  30 2018 elver
-r--r--r--.  1 root root   217 4月   4 2016 EULA
-r--r--r--.  1 root root 18092 4月   4 2016 GPL
dr--r--r--.  2 root root  2048 4月   4 2016 linux-guest-agent_tools
dr-xr-xr-x.  2 root root  2048 4月   4 2016 P2V-Tools
dr-xr-xr-x. 14 root root  2048 7月  31 2018 Packages
-r--r--r--.  1 root root   511 4月   4 2016 README
-r--r--r--.  1 root root  1744 4月   4 2016 RPM-GPG-KEY-OPENFANS-cecos
-r-xr-xr-x.  1 root root   558 11月 14 2017 run
dr--r--r--.  3 root root  2048 7月  31 2018 Script
dr-xr-xr-x.  2 root root  2048 4月   4 2016 tools
-r--r--r--.  1 root root  2649 7月  31 2018 TRANS.TBL
-r--r--r--.  1 root root    77 4月   4 2016 version
[root@cecosallinone mnt]#
```

图 7-25　映像挂载成功

```
root@cecosallinone:/mnt ×
[root@cecosallinone mnt]# sh ./run
Copy files to your system, please wait...
已加载插件: fastestmirror
CecOSvt-1.4

CecOSvt-1.4/filelists_db                    | 2.9 kB    00:00 ...

CecOSvt-1.4/primary_db                      | 422 kB    00:00 ...

CecOSvt-1.4/other_db                        | 476 kB    00:00 ...

                                            | 291 kB    00:00 ...

元数据缓存已建立
Done!
CecOSvt Local Yum Repo maked!
Use command "cecosvt-install" to install CecOSvt packages.
[root@cecosallinone mnt]# ▊
```

图 7-26　安装预置环境

```
root@cecosallinone:/mnt ×
-----------------------------------------------
|  Welcome to install CecOSvt 1.4!            |
-----------------------------------------------
| [1] CecOS Virtualization Manager (Engine)  |
| [2] CecOS Virtualization Host    (Node)    |
| [3] All Of Them Above 1 and 2    (AIO)     |
| [q] Exit                                    |
-----------------------------------------------
Select installation:
```

图 7-27　选择安装模式

以[3]为例:选择[3]选项以后,开始安装,需要时间稍长,要耐心等待。

等出现如图 7-28 所示的效果,表示安装完毕。

7.3.4　CecOSvt 的配置

在 CecOSvt 预置系统安装完毕后,虚拟化系统仍然不能使用,需要对虚拟化系统进行相应的配置才能使用。配置操作需要执行 cecvm-setup 命令。

1. 配置报表和数据仓库

首先安装报表系统,根据实际情况选择 Yes 或 No(可根据实际情况选择是否安装)。

```
✔ root@cecosallinone:/mnt  ×
-------------------------------------------------
| Welcome to install CecOSvt 1.4!                |
-------------------------------------------------
| [1] CecOS Virtualization Manager (Engine)      |
| [2] CecOS Virtualization Host    (Node)        |
| [3] All Of Them Above 1 and 2    (AIO)         |
| [q] Exit                                       |
-------------------------------------------------

3

Add dummy nic.
dummy                  2714  0
dummy0    Link encap:Ethernet  HWaddr 76:8F:F8:69:CD:01
          inet6 addr: fe80::748f:f8ff:fe69:cd01/64 Scope:Link
          UP BROADCAST RUNNING NOARP  MTU:1500  Metric:1
          RX packets:0 errors:0 dropped:0 overruns:0 frame:0
          TX packets:1 errors:0 dropped:0 overruns:0 carrier:0
          collisions:0 txqueuelen:0
          RX bytes:0 (0.0 b)  TX bytes:70 (70.0 b)

Begin to install language support.
Please wait for a few minutes
Installation completed!

Begin to install CecOSvt [ AIO ]
Please wait for a few minutes
Install patchs, please wait for a while ...
Patchs installed!
Installation completed!
Installation log: /var/log/cecosvt/cecosvt-install-210217154515151764166-vWOHn29SyzWEnI1.log
[root@cecosallinone mnt]#
```

图 7-28　CecOSvt 安装完毕

本例选择 Yes 来安装报表，数据仓库也选择 Yes，如图 7-29 所示。

```
[root@cecosallinone mnt]# cecvm-setup
[ INFO  ] Stage: Initializing
[ INFO  ] Stage: Environment setup
          Configuration files: ['/etc/ovirt-engine-setup.conf.d/10-pa
-engine-setup.conf.d/10-packaging.conf', '/etc/ovirt-engine-setup.con
          Log file: /var/log/ovirt-engine/setup/ovirt-engine-setup-20
          Version: otopi-1.2.3 (otopi-1.2.3-1.el6ev)
[ INFO  ] Hardware supports virtualization
[ INFO  ] Stage: Environment packages setup
[ INFO  ] Stage: Programs detection
[ INFO  ] Stage: Environment setup
[ INFO  ] Stage: Environment customization

          --== PRODUCT OPTIONS ==--

          Configure Reports on this host (Yes, No) [Yes]: Yes
          Configure Data Warehouse on this host (Yes, No) [Yes]: Yes
```

图 7-29　安装报表和数据仓库

2. 配置选项

配置本地计算节点、存储域路径及名称，配置本地主机名解析、防火墙。这几个选项均选择默认值，直接按 Enter 键就会选择"[]"里面的默认值，如图 7-30 所示。

```
[ INFO  ] Checking for product updates...
[ INFO  ] No product updates found

          --== ALL IN ONE CONFIGURATION ==--

          Configure VDSM on this host? (Yes, No) [No]:

          --== NETWORK CONFIGURATION ==--

          Host fully qualified DNS name of this server [cecosallinone.com]:
[WARNING] Failed to resolve cecosallinone.com using DNS, it can be resolved only locally
          Setup can automatically configure the firewall on this system.
          Note: automatic configuration of the firewall may overwrite current settings.
          Do you want Setup to configure the firewall? (Yes, No) [Yes]:
[ INFO  ] iptables will be configured as firewall manager.

          --== DATABASE CONFIGURATION ==--

          Where is the Engine database located? (Local, Remote) [Local]: █
```

图 7-30　本地配置

131

3. 设置密码

密码推荐采用复杂密码(包括大小写字母、数字和特殊符号,超过 8 位)。但是如果用户坚持使用简单密码,系统会进行提示。默认情况下不允许用简单密码。如果继续使用简单密码,需要手动输入 Yes,不能直接按 Enter 键,如图 7-31 所示。

```
--== DATABASE CONFIGURATION ==--

Where is the Engine database located? (Local, I
Setup can configure the local postgresql server
Would you like Setup to automatically configure
utomatic]:
Where is the DWH database located? (Local, Remo
Setup can configure the local postgresql server
Would you like Setup to automatically configure
matic]:
Where is the Reports database located? (Local,
Setup can configure the local postgresql server
Would you like Setup to automatically configure
Automatic]:

--== OVIRT ENGINE CONFIGURATION ==--

Application mode (Both, Virt, Gluster) [Both]:
Engine admin password:
Confirm engine admin password:
[WARNING] Password is weak: 它没有包含足够的不同字符
Use weak password? (Yes, No) [No]: ■
```

图 7-31　设置密码

4. 配置 ISO 存储域路径和名称

配置 ISO 存储域路径和名称的方法如图 7-32 所示,均选择默认选项,直接按 Enter 键即可。

```
Organization name for certificate [com]:

--== APACHE CONFIGURATION ==--

Setup can configure apache to use SSL using a
Do you wish Setup to configure that, or prefe
Setup can configure the default page of the w
Do you wish to set the application as the def

--== SYSTEM CONFIGURATION ==--

Configure WebSocket Proxy on this machine? (Y
Configure an NFS share on this server to be u
Local ISO domain path [/var/lib/exports/iso]:
Local ISO domain ACL [0.0.0.0/0.0.0.0(rw)]:
Local ISO domain name [ISO_DOMAIN]:
```

图 7-32　配置 ISO 存储域路径和名称

5. 设置报表密码

设置方法跟设置管理员密码一致,此处不再详细讲解,如图 7-33 所示。

```
Reports power users password:
Confirm Reports power users password:
[WARNING] Password is weak: 它没有包含足够的不同字符
Use weak password? (Yes, No) [No]: Y
```

图 7-33　设置报表密码

6. 确认配置信息

在完成以上步骤并正式安装之前,需要确认配置是否正确,配置确认信息如图 7-34 所示。如果信息全部正确,直接按 Enter 键继续安装。

```
--== CONFIGURATION PREVIEW ==--

Engine database name                    : engine
Engine database secured connection      : False
Engine database host                    : localhost
Engine database user name               : engine
Engine database host name validation    : False
Engine database port                    : 5432
NFS setup                               : True
PKI organization                        : com
Application mode                        : both
Firewall manager                        : iptables
Update Firewall                         : True
Configure WebSocket Proxy               : True
Host FQDN                               : cecosallinone.com
NFS export ACL                          : 0.0.0.0/0.0.0.0(rw)
NFS mount point                         : /var/lib/exports/iso
Configure local Engine database         : True
Set application as default page         : True
Configure Apache SSL                    : True
Configure VDSM on this host             : False
DWH installation                        : True
DWH database name                       : ovirt_engine_history
DWH database secured connection         : False
DWH database host                       : localhost
DWH database user name                  : ovirt_engine_history
DWH database host name validation       : False
DWH database port                       : 5432
Configure local DWH database            : True
Reports installation                    : True
Reports database name                   : ovirt_engine_reports
Reports database secured connection     : False
Reports database host                   : localhost
Reports database user name              : ovirt_engine_reports
Reports database host name validation   : False
Reports database port                   : 5432
Configure local Reports database        : True

Please confirm installation settings (OK, Cancel) [OK]: █
```

图 7-34 确认信息

7. 安装完毕

等待几分钟(根据不同的环境,时间上会有差异),即可完成虚拟化组件的配置,如图 7-35 所示。

```
--== END OF SUMMARY ==--

[ INFO  ] Starting engine service
[ INFO  ] Restarting httpd
[ INFO  ] Restarting nfs services
[ INFO  ] Starting dwh service
[ INFO  ] Stage: Clean up
          Log file is located at /var/log/ovirt-engi
[ INFO  ] Generating answer file '/var/lib/ovirt-eng
[ INFO  ] Stage: Pre-termination
[ INFO  ] Stage: Termination
[ INFO  ] Execution of setup completed successfully
[root@cecosallinone mnt]#
```

图 7-35 完成虚拟化组件的配置

8. 访问虚拟化管理门户

虚拟化服务器的网络 IP 地址为 192.168.158.157,通过浏览器输入 IP 地址来访问管理门户,详细登录过程和门户界面如图 7-36～图 7-40 所示。

133

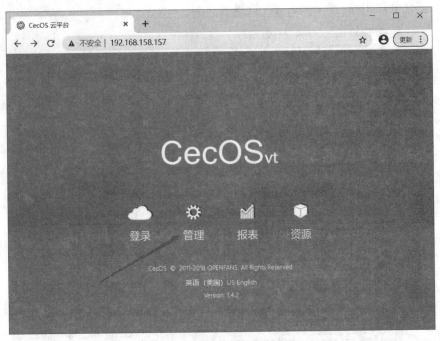

图 7-36　访问门户界面

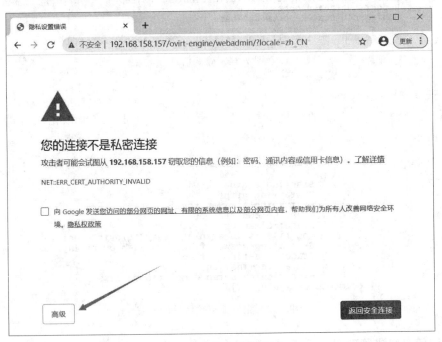

图 7-37　安全提醒界面

　　经过上面一系列步骤,已经成功配置虚拟化平台,并成功访问了虚拟化管理门户。至此,CecOSvt 虚拟化组件的配置和访问已经全部完成,CecOSvt 的 ALLINONE 安装模式也到此结束。

图 7-38 继续访问

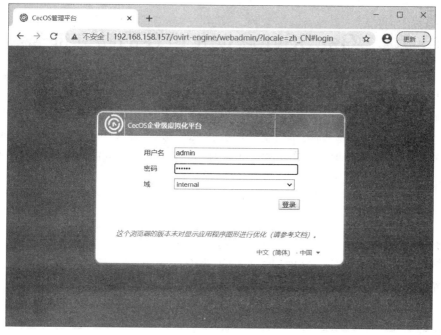

图 7-39 登录界面

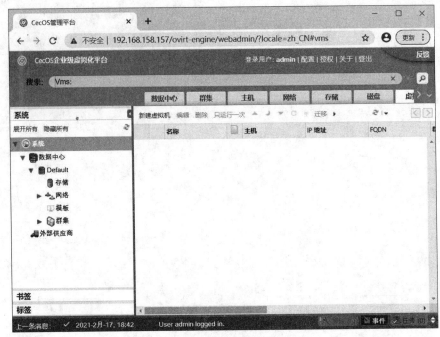

图 7-40 管理门户主界面

任务 7.4 CecOSvt 虚拟化组件的独立部署模式

本任务重点讲解 CecOSvt 虚拟化组件的独立部署模式,即将 CecOSvt 的计算节点和管理节点分开部署。管理节点需要一台部署了 CecOS 基础操作系统的服务器,一个计算节点需要一台部署了 CecOS 基础操作系统的服务器,即有几个计算节点,就需要几台服务器来部署计算节点,一般此部署模式用于实际生产环境,而 ALLINONE 部署模式多用于测试或实验环境。

7.4.1 准备工作

1. 服务器准备

独立部署需要两台服务器(虚拟机),分别为 Cec-M 和 Cec-V1。两台虚拟机网络和主机名设置参数如表 7-2 所示。

表 7-2 服务器参数配置信息

虚拟机名称	主机名	IP 地址	网关	DNS	作用
Cec-M	cecvm.test.com	192.168.1.100/24	192.168.1.2	127.0.0.1	管理节点
Cec-V1	cecv1.test.com	192.168.1.201/24	192.168.1.2	127.0.0.1	计算节点

两台虚拟机的硬件配置参考如图 7-41 和图 7-42 所示,Cec-V1 需要开启 CPU 虚拟化设

置。二者均需要最小化安装 CecOS 基础操作系统，安装方法参考 ALLINONE 部署模式的操作。

图 7-41　Cec-M 硬件配置参数

图 7-42　Cec-V1 硬件配置参数

2. 绑定主机名

确认网络配置参数符合以上要求。修改两个主机的/etc/hosts 文件,请在该文件中加入两台主机名和其 IP 地址的映射关系,在 hosts 文件中配置 192.168.1.100 cecm.test.com 和 192.168.1.201 cecv1.test.com,具体效果如图 7-43 所示。

```
✔ root@cecvm:~ ×
127.0.0.1       localhost localhost.localdomain localhost4 localhost4.localdomain4
::1             localhost localhost.localdomain localhost6 localhost6.localdomain6
192.168.1.100 cecm.test.com
192.168.1.201 cecv1.test.com
```

图 7-43　cecvm 和 cecv1 主机中 hosts 文件的配置

注意:配置文件默认的两行文字不能删掉,需要保留。

在做好以上准备工作以后,可以继续进行管理节点和计算节点的安装和配置。

7.4.2　管理节点的安装

1. 加载映像

管理节点的安装使用的是 Cec-M 主机,首先将 CecOSvt 虚拟化组件安装映像 CecOSvt-180731.iso 加载到虚拟机光驱并进行连接,然后启动 Cec-M 虚拟机。

2. 挂载映像文件

虚拟机启动完毕,使用 root 用户登录系统,执行的挂载命令及结果如图 7-44 所示,该结果表示挂载成功。另外,可以使用 ll 命令查看挂载结果。

```
mount /dev/cdrom /mnt/
```

```
✔ root@cecvm:/mnt ×
Last login: Fri Feb 19 10:57:16 2021
[root@cecvm ~]# mount /dev/cdrom /mnt/
mount: block device /dev/sr0 is write-protected, mounting read-only
[root@cecvm ~]# cd /mnt/
[root@cecvm mnt]# ll
总用量 36
-r--r--r--.  1 root root      4 3月  30 2018 elver
-r--r--r--.  1 root root    217 4月   4 2016 EULA
-r--r--r--.  1 root root  18092 4月   4 2016 GPL
dr--r--r--.  2 root root   2048 4月   4 2016 linux-guest-agent_tools
dr-xr-xr-x.  2 root root   2048 4月   4 2016 P2V-Tools
dr-xr-xr-x. 14 root root   2048 7月  31 2018 Packages
-r--r--r--.  1 root root    511 4月   4 2016 README
-r--r--r--.  1 root root   1744 4月   4 2016 RPM-GPG-KEY-OPENFANS-cecos
-r-xr-xr-x.  1 root root    558 11月 14 2017 run
dr--r--r--.  3 root root   2048 7月  31 2018 Script
dr-xr-xr-x.  2 root root   2048 4月   4 2016 tools
-r--r--r--.  1 root root   2649 7月  31 2018 TRANS.TBL
-r--r--r--.  1 root root     77 4月   4 2016 version
[root@cecvm mnt]# █
```

图 7-44　挂载映像文件

3. 建立预置环境源

挂载完成后,进入/mnt 目录,执行 sh ./run 命令,建立本地预置环境源,如图 7-45 所示。建立完成之后,提示使用 cecosvt-install 命令安装 CecOSvt 程序包。

4. 开始安装组件

预置环境源建立成功后,根据提示执行 cecosvt-install 命令,弹出如图 7-46 所示的提示

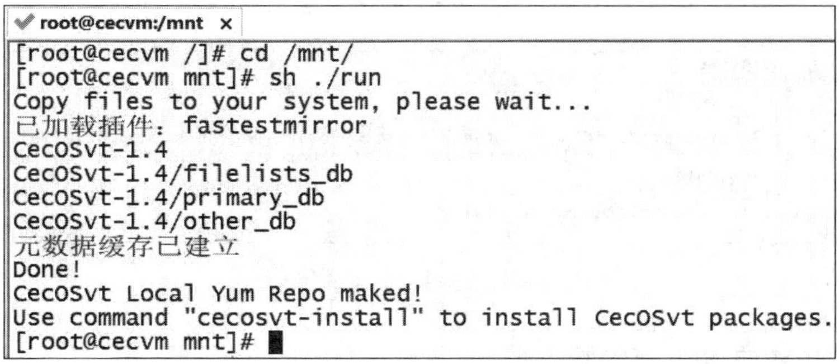

```
✔ root@cecvm:/mnt ×
[root@cecvm /]# cd /mnt/
[root@cecvm mnt]# sh ./run
Copy files to your system, please wait...
已加载插件：fastestmirror
CecOSvt-1.4
CecOSvt-1.4/filelists_db
CecOSvt-1.4/primary_db
CecOSvt-1.4/other_db
元数据缓存已建立
Done!
CecOSvt Local Yum Repo maked!
Use command "cecosvt-install" to install CecOSvt packages.
[root@cecvm mnt]#
```

图 7-45　本地预置环境源建立成功

信息，选择[1]选项安装引擎（Engine）。各个选项的具体作用在 ALLINONE 部署模式下已经介绍过，这里不再讲解。

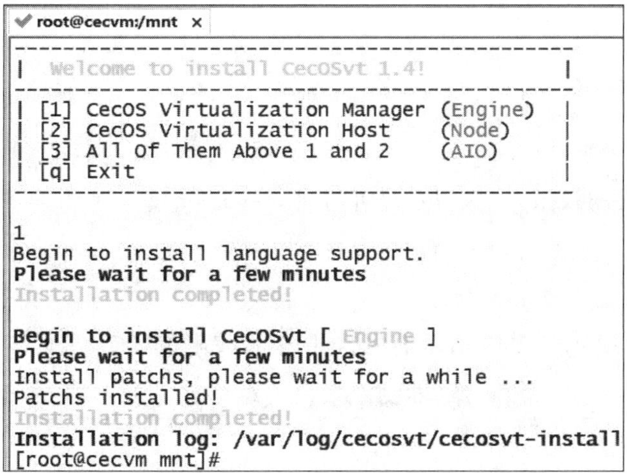

```
✔ root@cecvm:/mnt ×
--------------------------------------------
|  Welcome to install CecOSvt 1.4!         |
--------------------------------------------
|  [1] CecOS Virtualization Manager (Engine) |
|  [2] CecOS Virtualization Host     (Node)  |
|  [3] All Of Them Above 1 and 2     (AIO)   |
|  [q] Exit                                  |
--------------------------------------------

1
Begin to install language support.
Please wait for a few minutes
Installation completed!

Begin to install CecOSvt [ Engine ]
Please wait for a few minutes
Install patchs, please wait for a while ...
Patchs installed!
Installation completed!
Installation log: /var/log/cecosvt/cecosvt-install
[root@cecvm mnt]#
```

图 7-46　Engine 安装成功

7.4.3　管理节点的配置

1. 配置虚拟化引擎

在虚拟化引擎 Engine 安装完毕之后，虚拟化系统门户仍然不能使用，需要对虚拟化系统进行相应的配置。配置操作要执行 cecvm-setup 命令，具体配置方法跟 ALLINONE 模式中 CecOSvt 配置一致。

注意：由于此处管理节点 Cec-M 主机的内存仅分配了 2GB，推荐要求 4GB 以上，所以在配置过程中，会有内存少于 4GB 的警告提示，如图 7-47 所示，这里要手动输入 Yes，才可以继续配置。

```
[ INFO ] Stage: Setup validation
[WARNING] Warning: Not enough memory is available on the host. Minimum requirement is 4096MB, and 16384MB is recommended.
         Do you want Setup to continue, with amount of memory less than recommended? (Yes, No) [No]: Yes
```

图 7-47　内存不足警告提醒

当出现如图 7-48 所示的成功提示后,表示管理节点配置完成。

```
[ INFO  ] Starting engine service
[ INFO  ] Restarting httpd
[ INFO  ] Restarting nfs services
[ INFO  ] Stage: Clean up
         Log file is located at /var/log/ovirt-engine/setup/ovirt-engine-setup-20210219121438-drkeax.log
[ INFO  ] Generating answer file '/var/lib/ovirt-engine/setup/answers/20210219121934-setup.conf'
[ INFO  ] Stage: Pre-termination
[ INFO  ] Stage: Termination
[ INFO  ] Execution of setup completed successfully
[root@cecvm ~]#
```

图 7-48　管理节点配置完成

2. 配置 Cec-M 的 NFS 存储服务

由于系统默认将采用 NFS 服务作为存储服务器,可在 Cec-M 上进行简单的服务器配置以实现存储服务支持,具体步骤如下。

(1) 创建文件夹。使用如下命令创建 NFS 存储服务所需要的文件夹。

```
mkdir -p /data/iso /data/vm
```

或者

```
mkdir -p /data/iso
mkdir -p /data/vm
```

(2) 修改文件夹的权限,使虚拟系统可访问。

```
chown -R 36.36 /data    #修改权限
ll /data                #查看权限
```

设置成功后,出现如图 7-49 所示的内容,即表示权限设置完成。

```
✔ root@cecv1:/mnt  ✔ root@cecvm:~  ✕
[root@cecvm ~]# chown -R 36.36 /data
[root@cecvm ~]# ll /data
总用量 8
drwxr-xr-x. 2 vdsm kvm 4096 2月   19 15:50 iso
drwxr-xr-x. 2 vdsm kvm 4096 2月   19 15:50 vm
[root@cecvm ~]#
```

图 7-49　权限设置完成(1)

(3) 修改 NFS 配置文件,添加两个共享文件夹,提供共享服务。使用 vi 命令编辑/etc/exports 文件,如图 7-50 所示。

```
✔ root@cecv1:/mnt  ✔ root@cecvm:~  ✕
/var/lib/exports/iso        0.0.0.0/0.0.0.0(rw)
/data/iso                   0.0.0.0/0.0.0.0(rw)
/data/vm                    0.0.0.0/0.0.0.0(rw)
```

图 7-50　编辑 exports 文件

(4) 重启 NFS 服务。修改好配置文件 exports 后,使用命令重新启动 NFS 服务,如图 7-51 所示。

```
service nfs restart
```

(5) 查看 NFS 提供的共享文件服务状态。使用命令查看 NFS 提供的共享文件服务状

```
✔ root@cecv1:/mnt  ✔ root@cecvm:~  ×
[root@cecvm ~]# service nfs restart
关闭 NFS 守护进程:                                    [确定]
关闭 NFS mountd:                                      [确定]
关闭 NFS 服务:                                        [确定]
Shutting down RPC idmapd:                             [确定]
启动 NFS 服务:                                        [确定]
启动 NFS mountd:                                      [确定]
启动 NFS 守护进程:                                    [确定]
正在启动 RPC idmapd:                                  [确定]
[root@cecvm ~]#
```

图 7-51　重启 NFS 服务

态,如图 7-52 所示。

```
✔ root@cecv1:/mnt  ✔ root@cecvm:~  ×
[root@cecvm ~]# showmount -e
Export list for cecvm.test.com:
/data/vm                0.0.0.0/0.0.0.0
/data/iso               0.0.0.0/0.0.0.0
/var/lib/exports/iso 0.0.0.0/0.0.0.0
[root@cecvm ~]#
```

图 7-52　共享文件服务状态

通过如上步骤配置了一个简单的有两个文件夹的 NFS 存储空间,一个用于存放 ISO 映像文件,一个用于存放虚拟机。

7.4.4　计算节点的安装

1. 加载映像

计算节点安装使用 Cec-V1 主机。首先将 CecOSvt 虚拟化组件安装映像 CecOSvt-180731.iso 加载到虚拟机光驱并连接,然后启动 Cec-V1 虚拟机。

2. 开始安装组件

计算节点的安装步骤与管理节点的基本相同。先挂载映像,再加载文件,然后运行 sh ./ run 命令,如图 7-53 所示。选择[2]选项,安装计算节点,此时需要等几分钟(取决于安装的硬件环境)。

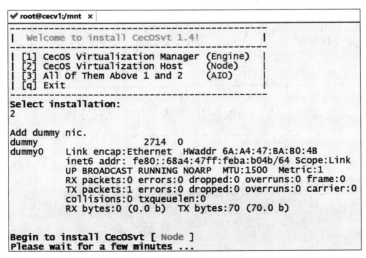

图 7-53　安装计算节点

141

几分钟后会提示完成了计算节点的安装,如图 7-54 所示。由此可见,计算节点的安装相对于管理节点的安装要简单得多。

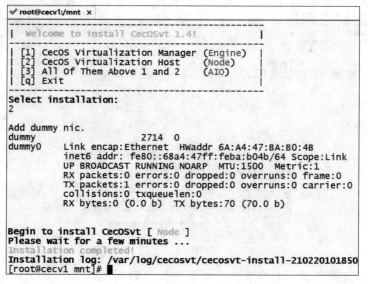

图 7-54　完成计算节点的安装

3. 准备 Cec-V1 本地存储系统

CecOS 系统除了支持网络共享存储系统以外,还支持计算节点的本地文件系统存储。为加快测试速度,在 Cec-V1 主机的本地建立两个存储文件夹,用于本地存储系统的测试,具体步骤如下。

(1)创建本地文件夹。使用如下命令创建本地文件夹。

```
mkdir -p /data/iso /data/vm
```

或者

```
mkdir -p /data/iso
mkdir -p /data/vm
```

(2)修改本地文件夹的权限。

```
chown -R 36.36 /data    #修改权限
ll /data                #查看权限
```

设置成功后,出现如图 7-55 所示的内容,即表示权限设置完成。

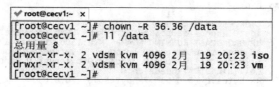

图 7-55　权限设置完成(2)

(3)修改 NFS 配置文件,添加两个共享文件夹以提供共享服务。使用 vi 命令编辑/etc

/exports 文件,如图 7-56 所示。

```
✔ root@cecv1:~   ×
/data/iso      0.0.0.0/0.0.0.0(rw)
/data/vm       0.0.0.0/0.0.0.0(rw)
```

图 7-56　编辑 exports 文件

(4) 重启 NFS 服务,出现如图 7-57 所示的界面,表示 NFS 服务重新启动成功。

```
✔ root@cecv1:~   ×
[root@cecv1 ~]# service rpcbind restart          [确定]
停止 rpcbind:                                     [确定]
正在启动 rpcbind:                                 [确定]
[root@cecv1 ~]# service nfs restart
关闭 NFS 守护进程:                                [确定]
关闭 NFS mountd:                                  [确定]
关闭 NFS 服务:                                    [确定]
Shutting down RPC idmapd:                         [确定]
启动 NFS 服务:                                    [确定]
启动 NFS mountd:                                  [确定]
启动 NFS 守护进程:                                [确定]
正在启动 RPC idmapd:                              [确定]
[root@cecv1 ~]#
```

图 7-57　NFS 重新启动成功

7.4.5　管理 CecOS 数据中心并实现服务器虚拟化

1. 访问 CecOS 企业虚拟化管理中心

在 Windows 操作系统下使用浏览器(推荐谷歌)访问 http://192.168.1.100 地址,打开如图 7-58 所示的数据中心访问界面,单击"管理"图标,忽略安全提示等消息,打开系统登录界面,如图 7-59 所示。

图 7-58　数据中心访问界面

143

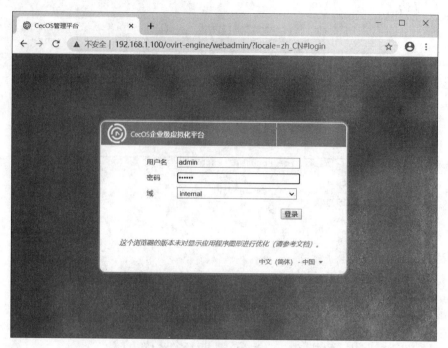

图 7-59　数据中心登录界面

2. 进入 CecOS 数据管理中心

在登录界面输入管理员名称 admin 及密码(在配置管理节点时设置的密码),单击"登录"按钮,进入系统,密码验证无误后,打开系统主界面,如图 7-60 所示。主界面包括数据中心、群集、主机、网络、存储、磁盘、虚拟机、池、模板、卷、用户及事件的全套管理功能。

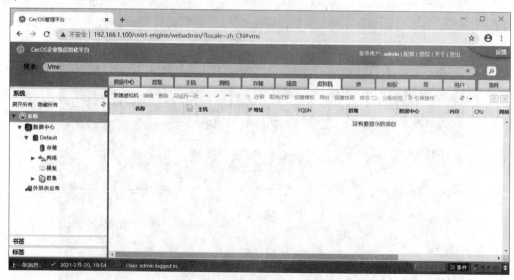

图 7-60　数据中心主界面

3. 添加计算节点

在主界面打开"主机"选项卡,单击"新建"按钮,打开如图 7-61 所示的对话框。填写主机信息,然后单击"确定"按钮,开始添加主机(计算节点)。

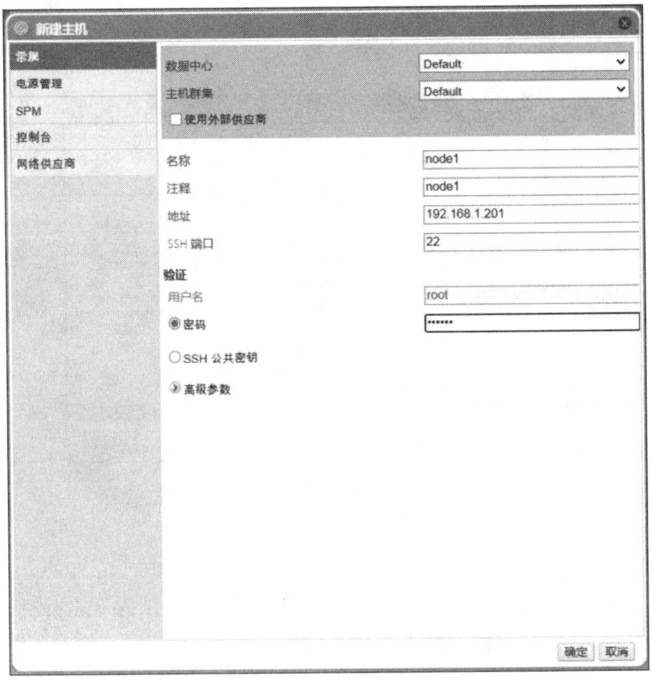

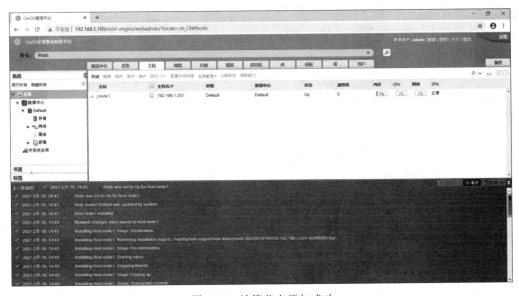

图 7-61　添加计算节点

当出现如图 7-62 所示界面时,主机前面出现绿色三角符号,表示计算节点添加成功。本项目只部署了一个计算节点,主机为 Cec-V1,节点为 Node。当有多个节点时,可以重复该步骤,继续部署并添加计算节点。

图 7-62　计算节点添加成功

4. 添加数据中心和群集

在数据中心中单击"新建"按钮,弹出如图 7-63 所示的对话框,在该对话框中添加一个名为 dcshare1 的数据中心,"类型"选择"共享的"。

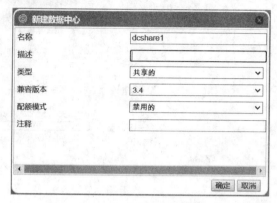

图 7-63　"新建数据中心"对话框

创建好群集后,出现引导操作界面。在引导操作界面中选择"配置群集",添加数据中心群集,如图 7-64 所示。在该对话框中将群集名称命名为 clustershare1,"CPU 名称"选择 AMD Opteron G1(Inter 的 CPU 可以选择 Haswell Family)。单击"确定"按钮后弹出如图 7-65 所示对话框,单击"以后再配置"按钮完成设置。

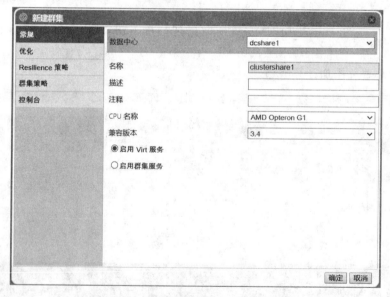

图 7-64　添加数据中心群集界面

5. 修改主机

新建好数据中心和群集后,需要将主机的信息修改并加入新的群集中。

1) 修改主机为维护模式

在"数据中心"的"主机"页面下选择 node1 虚拟主机,再单击"维护"按钮,进行主机的维护,如图 7-66 所示。维护之后的主机状态变为图 7-67 所示状态。

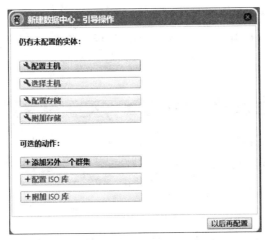

图 7-65　结束引导界面

图 7-66　选择"维护"主机

图 7-67　维护状态的主机

2）将主机添加到新建的群集中

选中要修改的主机，单击"编辑"按钮，将 node1 主机更改到新的数据中心的主机群集 clustershare1 中，如图 7-68 所示。选择 node1 主机，再在图 7-66 中单击"激活"按钮，使主机退出维护模式，并激活主机。

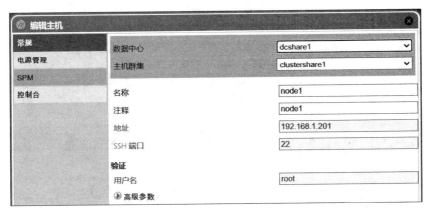

图 7-68　更改主机到新的主机群集

6. 添加数据存储域

在"存储"页面下单击"新建域"按钮,选择数据中心 dcshare1,并选择 DATA/NFS 域功能/存储类型,添加名为 datavm 的数据存储域,导出路径为 NFS 共享的 192.168.1.100:/data/vm,如图 7-69 所示。

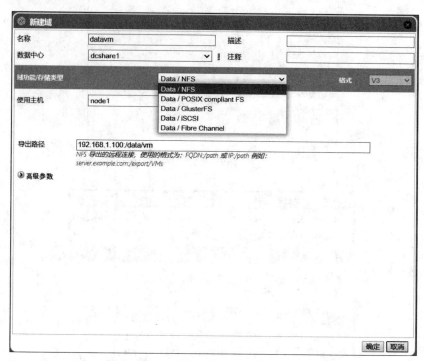

图 7-69 "新建域"对话框

7. 添加 ISO 存储域

在"存储"页面下选择默认存储域 ISO_DOMAIN,在下方的"数据中心"页面中单击"附加"按钮,将 ISO 存储域添加到 dcshare1 数据中心下,该存储域为创建数据中心时默认的存储域,路径为 192.168.1.100:/var/lib/export/iso。将 DATA 数据域和 ISO 存储域都附加到数据中心后,可以看到数据中心已经启动正常了,如图 7-70 所示。

数据中心	群集	主机	网络	存储	磁盘	虚拟机	池	模板	卷	用户

新建域 导入域 编辑 删除

域名	域类型	存储类型	格式	跨数据中心状态	空间总量
datavm	Data (Master)	NFS	V3	Active	49 GB
ISO_DOMAIN	ISO	NFS	V1	Active	[N/A]

常规	数据中心	映像	权限

附加 分离 激活 维护

名称	数据中心里的域状态
dcshare1	Active

图 7-70 附加数据中心

8. 上传映像文件

使用 SecureCRT 工具连接到 192.168.1.100 管理主机，上传 CentOS-6.6-x86_64-minimal.iso 映像文件到路径/var/lib/exports/iso/ce00183c-a1bc-4dc8-a395-dd9f16395a6b/images/11111111-1111-1111-1111-111111111111 下，其中 ce00183c-a1bc-4dc8-a395-dd9f16395a6b 为随机的一个 ID。如图 7-71 所示为不同的机器有不同的 ID。

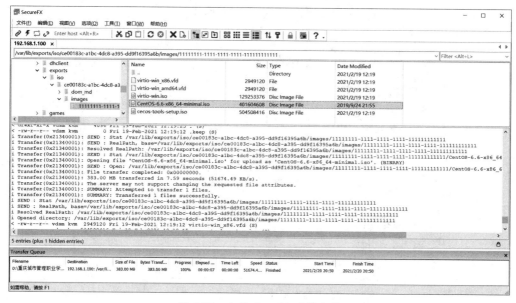

图 7-71　上传 CentOS 映像文件

映像文件上传完毕，可以在"CecOS 管理平台"窗口中查看刚刚上传的映像文件，如图 7-72 所示。

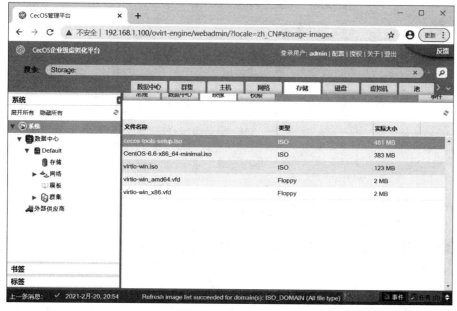

图 7-72　查看映像文件

9. 创建 CentOS 6 虚拟服务器

在"虚拟机"选项卡中单击"新建"按钮,添加一台 CentOS 6 的服务器,名称为 CentOS 6,网络接口选择 cecsvmgmt/cecsvmgmt 选项,如图 7-73 所示。

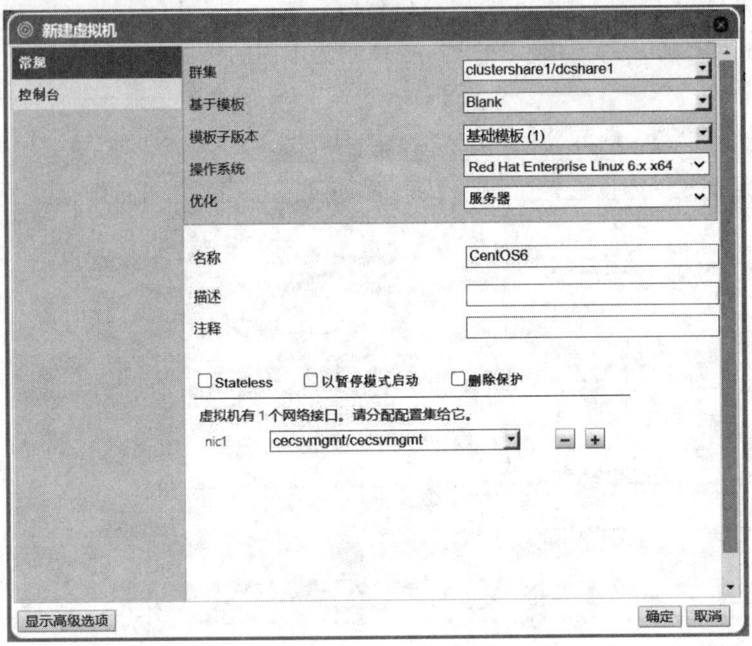

图 7-73　新建 CentOS 6 服务器

单击"确定"按钮后,弹出添加虚拟磁盘的引导界面,如图 7-74 所示。单击"配置虚拟磁盘"按钮,添加一个 10GB(根据磁盘大小决定)的虚拟磁盘,如图 7-75 所示。

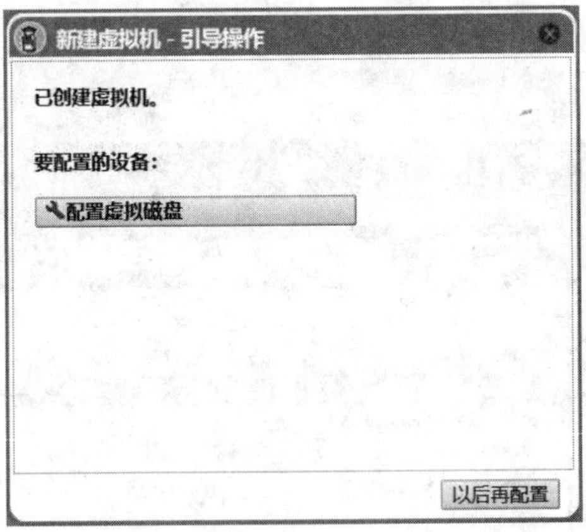

图 7-74　引导操作

确认虚拟磁盘添加完以后,虚拟机创建完毕,如图 7-76 所示。

10. 启动虚拟机

选择虚拟机菜单中的"只运行一次"选项,弹出虚拟机运行界面,如图 7-77 所示,设置"引导选项"中的"附件 CD"选项为 CentOS-6.6-x86_64-minimal.iso,并将引导序列中的 CD-

图 7-75　添加虚拟磁盘

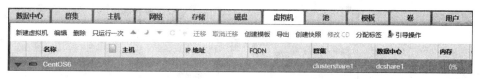

图 7-76　虚拟机创建完毕

ROM 设置为第一项，单击"确定"按钮，可以看到虚拟机由红色变为绿色，表示已经启动。

图 7-77　虚拟机运行设置

11. 安装虚拟服务器调用工具

虚拟机启动后，第一次访问可以右击并选择"控制台"命令，如图 7-78 所示。默认情况下，浏览器会自动下载一个名为 console.vv 的文件，但是默认情况下该文件无法打开，因为虚拟机默认采用的是客户端连接模式，而现在客户端没有连接软件，所以应通过如下步骤解决该问题。

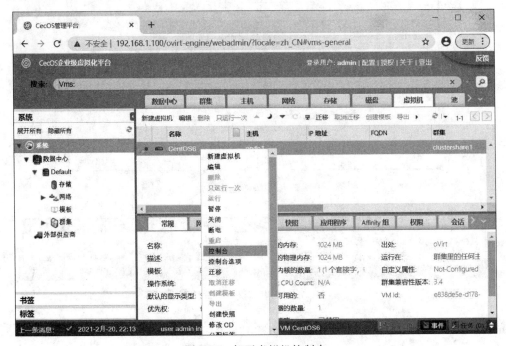

图 7-78　打开虚拟机控制台

右击虚拟机，选择"控制台选项"命令，出现如图 7-79 所示的界面。

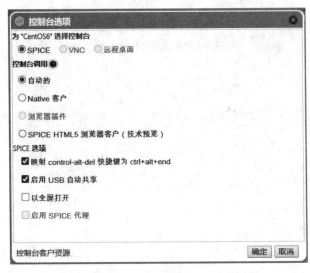

图 7-79　虚拟机的控制台选项

选择图 7-79 所示界面左下角的"控制台客户资源"链接,打开软件下载页面,如图 7-80 所示。在该界面中选择"用于 64 位 Windows 的 Virt Viewer 超链接",下载并安装 Virt Viewer 工具。下载并安装调用工具,安装完成后就可以使用 Virt Viewer 连接虚拟机了。

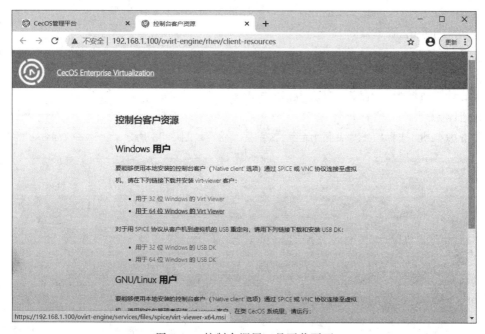

图 7-80　控制台调用工具下载页面

12. 通过 Virt Viewer 访问虚拟服务器

在虚拟机界面中再次右击虚拟机,选择"控制台"命令。下载完 console.vv 文件后,可以自动通过 Virt Viewer 工具打开该文件并访问 CentOS 6 虚拟机,如图 7-81 所示。

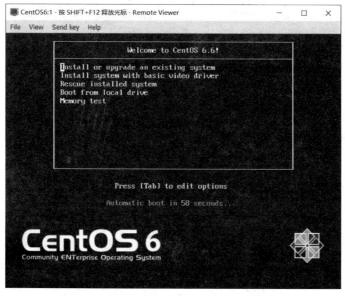

图 7-81　Virt Viewer 访问虚拟机

在图 7-81 所示界面中可以安装 CentOS 6 操作系统,具体安装步骤不再详细讲解。

13. 通过模板部署新的 CentOS 6 虚拟服务器

为了将安装好的服务器快速部署成多台服务器,一般需要通过安装操作系统→封装→制作模板→部署 4 个步骤来完成多个新服务器的部署,具体操作如下。

1)封装 Linux 服务器

在安装好的 CentOS 6 操作系统中,通过 rm -rf /etc/ssh/ssh_ * 命令删除所有的 ssh 证书文件。执行 sys-unconfig 命令,虚拟机将自动进行封装,封装后的虚拟机在启动时将重新生成新的计算机配置。封装完成后,自动关机。

2)创建快照

右击虚拟机,选择"创建快照"命令,按照图 7-82 和图 7-83 所示,创建一个 Base 的快照。

图 7-82　选择"创建快照"命令

图 7-83　创建快照

3）创建模板

在虚拟机菜单中选中 CentOS 6 虚拟机，右击并选择"创建模板"命令后会锁定虚拟机几分钟（具体时间长短取决于硬件条件）。然后以此虚拟机为基础，创建一个新的名为 CentOS 6-temp 的模板，如图 7-84 所示。创建完毕，在模板页面下就能看到新创建的模板，如图 7-85 所示。

图 7-84　创建 CentOS 6 模板

数据中心	群集	主机	网络	存储	磁盘	虚拟机	池	模板	卷	用户

编辑　删除　导出

名称	版本		创建日期	状态	群集	数据中心	描述
Blank			2008-4月-01, 05:00	OK	Default	Default	Blank template
CentOS6-temp			2021-2月-20, 23:14	OK	clustershare1	dcshare1	

图 7-85　创建好的模板

4）从模板创建虚拟机

在管理平台的"虚拟机"页面下，单击"新建虚拟机"按钮，在打开的"新建虚拟机"对话框中选择"群集"，将"基于模板"设置为 CentOS6-temp，"名称"设置为 CentOS-server1，如图 7-86 所示。稍等片刻后，启动该虚拟机，通过简单的密码设置等操作后，就可以快速访问新的虚拟服务器了。

在模板创建完成后，之后所有需要的服务器都可以通过该模板直接创建生成。通过合理配置 CentOS-server1 等服务器，该虚拟机可以实现互联网访问，并可以向外提供网络服务器。

图 7-86　从模板新建虚拟服务器

7.4.6　管理 CecOS 数据中心并实现桌面虚拟化

桌面虚拟机化方面，通过 CecOS 实现部署 Windows 7 操作系统。

1. 上传 Windows 7 映像文件（ISO）

上传步骤和方法参考服务器虚拟化的应用，使用 SecureCRT 上传一个 Windows 7 中文版 64 位操作系统映像 ISO 文件到服务器中。

2. 新建 Win7 虚拟机

在"虚拟机"页面下单击"新建虚拟机"按钮，在打开的对话框中设置操作系统为 Windows 7 x64，"名称"为 Win7，"优化"为"桌面"，网络接口选择 cecsvmgmt，如图 7-87 所示。单击"确定"按钮后，就为虚拟机添加了一个 20GB 的虚拟磁盘，如图 7-88 所示。

图 7-87　新建 Win7 虚拟机

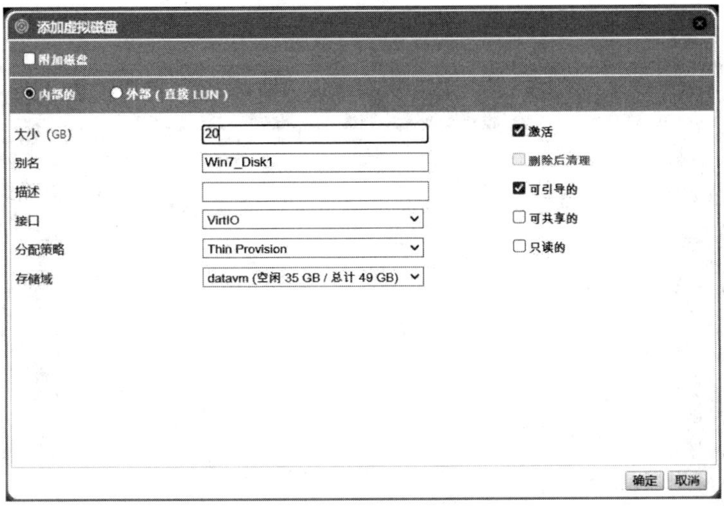

图 7-88 添加虚拟磁盘

3. 启动 Win7 虚拟机

在 Win7 虚拟机上右击并选择"只运行一次"命令,打开"运行虚拟机"对话框,如图 7-89 所示,设置"附加软盘"为 virtio-win_x86.vfd,用于安装硬盘驱动;设置"附加 CD"为 cn_win7_x64.iso;将"引导序列"列表框中的 CD-ROM 设为首位,单击"确定"按钮后可启动虚拟机。

图 7-89 Win7 虚拟机的启动设置

4. 安装 Windows 7 操作系统

设置完虚拟机启动选项后,直接启动虚拟机,通过 Virt Viewer 调用工具打开 Win7 虚拟机,根据引导一步步安装 Windows 7 操作系统。与在物理机上直接安装操作系统有所不同的是:加载虚拟磁盘需要安装驱动,当安装进行到选择磁盘这一步时,系统提示未找到任何驱动器,如图 7-90 所示。

图 7-90　未找到驱动器

此处单击"加载驱动程序"选项，打开加载驱动器界面，选择 Red Hat VirtIO SCSI controller(A:\amd64\win7\viostor.inf)，单击"下一步"按钮，开始安装驱动，如图 7-91 所示。这里用的是 AMD 的处理器。如果用的是 Intel 处理器，显示选项会略有不同，可根据实际处理器并结合相应的操作系统选择即可。

图 7-91　选择磁盘驱动文件

　　驱动安装完毕,进入如图 7-92 所示的界面,选择新建的虚拟磁盘,单击"下一步"按钮,继续安装操作系统,直到系统安装完成。第一次启动时,设置系统用户和计算机名称,如图 7-93 所示。

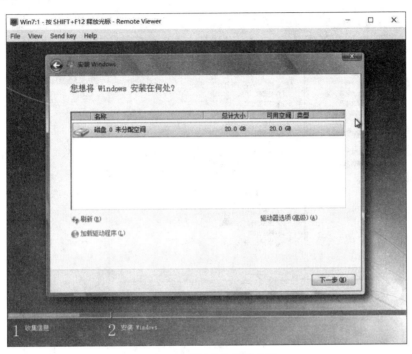

图 7-92　选择磁盘继续安装

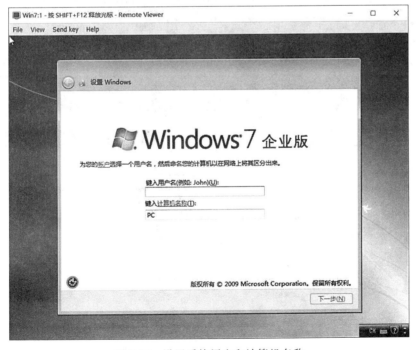

图 7-93　设置系统用户和计算机名称

5. 安装系统驱动程序和虚拟机代理软件

安装完 Windows 7 操作系统后,会发现有很多驱动没有被正确安装,如图 7-94 所示。

图 7-94　设备驱动安装情况

如图 7-95 所示,在 Win7 虚拟机上右击,选择"修改 CD"命令,在"修改 CD"对话框中选择 cecos-tools-setup.iso,如图 7-96 所示,通过该映像文件可以安装驱动和部分工具。

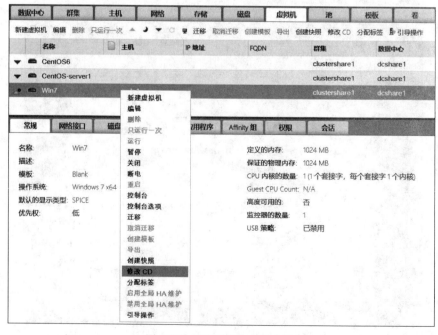

图 7-95　选择"修改 CD"命令

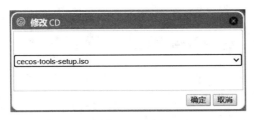

图 7-96　选择 cecos-tools-setup.iso

修改完 CD 映像并确定后，进入 Windows 7 操作系统，可以看到 CD 光驱中的文件发生了变化，如图 7-97 所示。双击打开光驱，查看映像文件的内容，如图 7-98 所示。

图 7-97　修改 CD 后的效果

打开光驱后，双击光盘根目录下的 CecOS-toolsSetup.exe 文件（图中隐藏了扩展名），开始安装工具程序。安装过程中全部选择默认值，直到安装成功为止。

6. 封装桌面操作系统

以上工具程序安装完毕后重新启动操作系统，然后登录 Windows 7，执行 C:\Windows\System32\sysprep\sysprep.exe 命令，对操作系统进行封装。封装后的操作系统将自动关机，如图 7-99 所示。

7. 创建快照和模板

参照服务器虚拟化部分的步骤，创建 Win7 虚拟机的快照 Base 和模板 Win7-temp，如图 7-100 和图 7-101 所示。

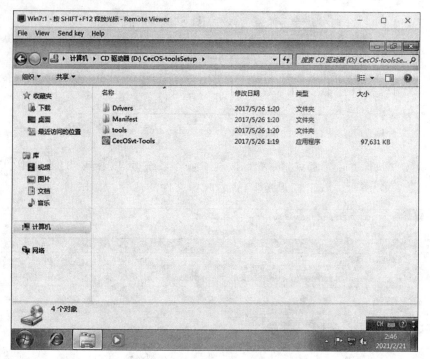

图 7-98　安装工具程序

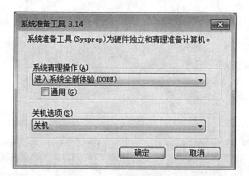

图 7-99　执行封装程序

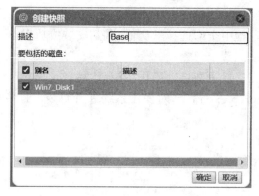

图 7-100　创建快照

图 7-101　创建模板

8. 从模板创建桌面池

桌面虚拟化与服务器虚拟化的区别是要将桌面作为平台传送给客户,而服务器虚拟化则没有这个要求,因此,桌面虚拟机是通过"桌面池"进行批量分配的。

在管理平台中选择"池"页面,单击"新建池"按钮,利用上面创建的 Win7-temp 模板创建一个名为 Win7-u 的桌面池。单击"显示高级选项"按钮,设置"虚拟机的数量"为 2,如图 7-102 所示;再在图 7-103 中设置"池类型"为"手动"。

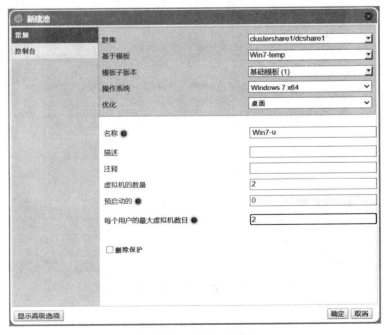

图 7-102　桌面池的设置

163

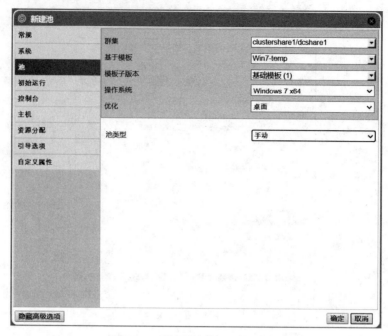

图 7-103　设置"池类型"为"手动"

设置"控制台"中的"USB 支持"为 Native，并选中"禁用单点登录"选项，如图 7-104 所示。设置完成后单击"确定"按钮，则自动创建 2 台虚拟机，如图 7-105 所示。

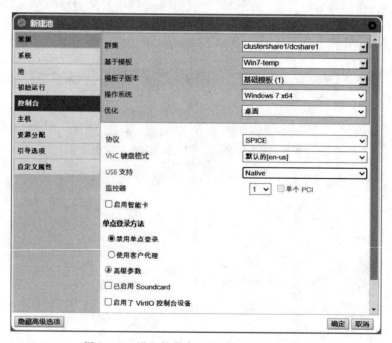

图 7-104　设置控制台连接协议和 USB 选项

图 7-105 从池中生成的桌面虚拟机

9. 设置桌面池用户权限

在"池"页面下的"权限"选项卡中,单击"添加"按钮,为系统唯一账户 admin 分配一个新角色,并将桌面池的权限分配给该用户,如图 7-106 和图 7-107 所示。确认后,即完成了池角色的配置,如图 7-108 所示。

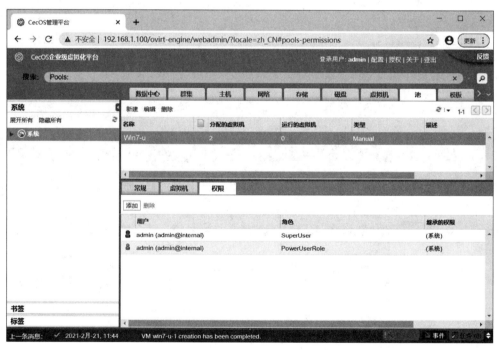

图 7-106 添加池权限

10. 访问 Win7 桌面虚拟机

在浏览器(推荐谷歌)中访问 http://192.169.1.100,输入账号 admin 和对应的密码,如图 7-109 所示。单击"登录"按钮,进入系统。

在软件主窗口中选择"基本视图",可以看到一台名为 Win7-u 的虚拟机。启动该虚拟机后,也会启动一台名为 Win7-u-2 的虚拟机,如图 7-110 所示。

等虚拟机启动完成后,双击虚拟机并通过工具登录到虚拟机的桌面中,简单设置之后,就可以正常使用虚拟机了。

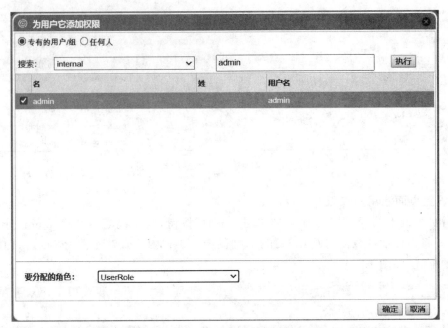

图 7-107　给 admin 添加 UserRole 角色

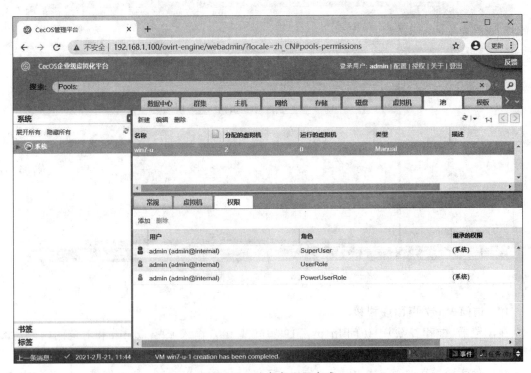

图 7-108　池角色配置完成

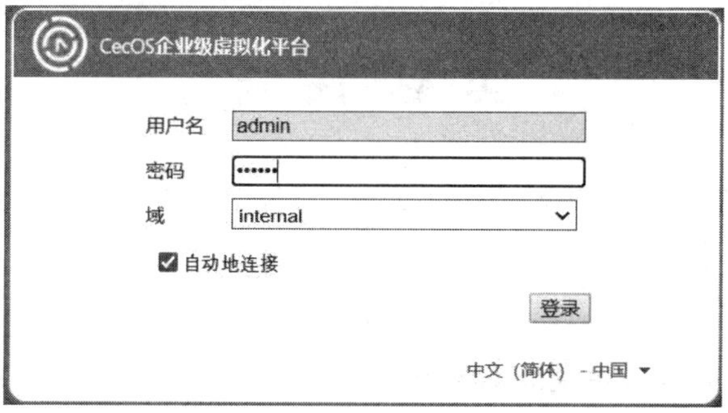

图 7-109　登录界面

图 7-110　为 admin 用户启动桌面虚拟机

项 目 总 结

本项目讲解了 CecOS 虚拟化平台的背景和功能,着重讲解了 CecOS 虚拟化平台基础操作系统的部署、管理节点和计算节点的安装与配置,详细讲解了 CecOS 虚拟化平台的 ALLINONE 和独立部署两种模式,并分别通过 CentOS 和 Windows 7 讲解了服务器虚拟化和桌面虚拟化技术。通过本项目的学习,同学们能够使用 CecOS 进行虚拟化平台的搭建与维护。

实 践 任 务

实验名称：

使用 CecOS 搭建虚拟化平台。

实验目的：

- 练习 CecOS 基础操作系统的部署方法。
- 练习 CecOSvt 两种部署模式的实现方法。
- 掌握 CecOSvt 管理节点和计算节点的部署方法。

实验内容：

- Cec-M 为 4GB 内存，2vCPU，实现 CecOS 的 ALLINONE 部署。
- Cec-V 为 4GB 内存，2vCPU，实现 CecOS 的计算节点 Node 部署。
- 将 Cec-M 和 Cec-V 都作为计算节点，添加到 CecOS 企业虚拟化管理平台中。

拓 展 练 习

一、填空题

1. CecOSvt 的部署方式分为_____和_____。

2. CecOSvt 的 ALLINONE 部署方式至少需要_____台服务器。

3. CecOS 虚拟化平台的基础操作系统部署，推荐内存至少为_____。

二、简答题

1. 简述 CecOS 基础操作系统安装的过程及注意事项。

2. 简述 CecOSvt 两种部署方式的区别和优缺点。

项目 8　使用 RDO 快速部署 OpenStack 云计算系统

OpenStack 是一个云平台管理的项目，它不是一个软件，而是一系列软件开源项目的组合，它的主要任务是给用户提供 IaaS 服务。

本项目主要讲解 OpenStack 发展历程趋势和平台架构，以及快速部署 OpenStack 云计算系统的方法。

 **项目目标**

1. 知识目标

➢ 了解 OpenStack 基本概述和起源。

➢ 了解 OpenStack 平台架构。

➢ 了解快速部署 OpenStack 工具。

➢ 掌握部署 OpenStack 云平台前的准备工作。

➢ 掌握 OpenStack 云平台快速部署的方法。

➢ 掌握 OpenStack 云平台的基本使用方法。

2. 能力目标

➢ 能搭建 OpenStack 部署必备的环境。

➢ 能使用 packstack 快速部署 OpenStack。

➢ 能使用 Dashboard 管理 OpenStack。

任务 8.1　OpenStack 概述

本任务通过对 OpenStack 起源和发展的讲解，分析 OpenStack 的功能优势。

8.1.1　OpenStack 的起源和发展

1. OpenStack 的起源

OpenStack 是一个开源的云计算管理平台项目，是一系列软件开源项目的组合。由 NASA（美国国家航空航天局）和 Rackspace 合作研发并发起，以 Apache 许可证（Apache 软件基金会发布的一个自由软件许可证）授权的开源代码项目。

OpenStack 为私有云和公有云提供可扩展的弹性云计算服务。项目目标是提供实施简单、可大规模扩展、丰富、标准统一的云计算管理平台。

2. OpenStack 的发展

OpenStack 项目虽然诞生时间不长,但其发展十分迅速,在云计算领域的影响力不断扩展,使得这个年轻的项目成为业内所有人都不得不关注的焦点。

Apache 许可证开源目前为止共有以下版本。

(1) Austin：OpenStack 发布的第一个版本,这是第一个开源的云计算平台。

(2) Bexar：OpenStack 发布的第二个版本,添加了对 IPv6 的支持及影像传递技术,还有 Hyper-V 和 Xen 等虚拟服务器功能。

(3) Catus：OpenStack 发布的第三个版本,添加了虚拟化功能、自动化功能以及一个服务目录。

(4) Diablo：OpenStack 发布的第四个版本,增加了新的图形化用户界面和统一身份识别管理系统。

(5) Essex：OpenStack 发布的第五个版本,完善了 Keystone 认证,删除了对 Windows Hyper-V 支持的相关代码。

(6) Folsom：2012 年 9 月 OpenStack 发布的第六个版本。Folsom 除了包括 Nova swift、Horizon Keystone、Glance 原有的五个子项目之外,又增加了 Quantum 和 Cinder 两项。Quantum 支持多个现有的虚拟网络套件,如 Open vSwitch、Ryu 网络操作系统等,也包括 Cisco、Nicira 和 NEC 等厂商提供的虚拟网络套件等；Quantum 可以让 OpenStack 的 IaaS 平台采用软件定义网络(software defined network,SDN)的技术,如 OrperFlow。而 Cinder 则加强了区块(block)与磁盘区(volume)的储存能力。

(7) Grizzly：2013 年 4 月 OpenStack 基金会发布的第七个版本。Grizzly 新增近 230 个新功能,涉及计算、存储、网络和共享服务等方面。例如,OpenStack 计算虚拟化,即计算使用 Cells 管理分布式集群,使用 NoDB 主机架构,以减少对中央数据库的依赖。

(8) Havana：2013 年 10 月 OpenStack 基金会发布的第八个版本。Havana 除了增加 OpenStack Metering(Ceilometer)和 OpenStack Orchestration(Heat)两个新组件外,还完成了 400 多个特性计划,修补了 3000 多个补丁。

(9) Icehouse：2014 年 4 月 OpenStack 基金会发布的第九个版本。新版本提高了项目的稳定性与成熟度,提升了用户体验,特别是存储方面。联合身份验证将允许用户通过相同认证信息同时访问 OpenStack 私有云与公有云。新项目 Trove(DB as a service)现在已经成为版本中的组成部分,它允许用户在 OpenStack 环境中管理关系数据库服务。

(10) Juno：2014 年 10 月 OpenStack 基金会发布的第十个版本。新增包括围绕 Hadoop 和 Spark 集群管理和监控的自动化服务和支持软件开发、大数据分析和大规模应用架构在内的 342 个功能点,标志着 OpenStack 正向大范围支持的成熟云平台快速前进。自 OpenStack 项目成立以来,超过 200 个公司加入了该项目,其中包括 AT&T、AMD、Cisco、Dell、IBM、Intel、Red hat 等。目前参与 OpenStack 项目的开发人员超过 17000 人,来自 139 多个国家,这一数字还在不断增长中。咨询机构 Forrester 的分析表示,OpenStack 已经逐步成为事实上的基础架构云(IaaS)标准。图 8-1 中展示了迄今为止 OpenStack 的历史版本。

Series	Status	Initial Release Date	Next Phase	EOL Date
Wallaby	Development	2021-04-14 *estimated* (schedule)	Maintained *estimated 2021-04-14*	
Victoria	Maintained	2020-10-14	Extended Maintenance *estimated 2022-04-18*	
Ussuri	Maintained	2020-05-13	Extended Maintenance *estimated 2021-11-12*	
Train	Maintained	2019-10-16	Extended Maintenance *estimated 2021-05-12*	
Stein	Extended Maintenance (see note below)	2019-04-10	Unmaintained *TBD*	
Rocky	Extended Maintenance (see note below)	2018-08-30	Unmaintained *TBD*	
Queens	Extended Maintenance (see note below)	2018-02-28	Unmaintained *TBD*	
Pike	Extended Maintenance (see note below)	2017-08-30	Unmaintained *TBD*	
Ocata	Extended Maintenance (see note below)	2017-02-22	Unmaintained *estimated 2020-06-04*	
Newton	End Of Life	2016-10-06		2017-10-25
Mitaka	End Of Life	2016-04-07		2017-04-10
Liberty	End Of Life	2015-10-15		2016-11-17
Kilo	End Of Life	2015-04-30		2016-05-02
Juno	End Of Life	2014-10-16		2015-12-07
Icehouse	End Of Life	2014-04-17		2015-07-02
Havana	End Of Life	2013-10-17		2014-09-30
Grizzly	End Of Life	2013-04-04		2014-03-29
Folsom	End Of Life	2012-09-27		2013-11-19
Essex	End Of Life	2012-04-05		2013-05-06
Diablo	End Of Life	2011-09-22		2013-05-06
Cactus	End Of Life	2011-04-15		
Bexar	End Of Life	2011-02-03		
Austin	End Of Life	2010-10-21		

图 8-1　OpenStack 版本

3. 发展趋势

尽管 OpenStack 从诞生到现在已经变得日渐成熟,基本上已经能够满足云计算用户大部分的需求。但随着云计算技术的发展,OpenStack 必然也需要不断地完善。OpenStack 已经逐渐成为市场上主流的一个云计算平台解决方案。结合业界的一般观点和调查中关于 OpenStack 用户的意见,OpenStack 需要完善的部分大体上可以归纳为以下几个方面。

(1)增强动态迁移。虽然 OpenStack 的 Nova 组件支持动态迁移,但实质上 OpenStack 尚未实现真正意义上的动态迁移。在 OpenStack 中因为没有共存储,只能做块迁移,共享迁移只能在有共享存储的情况下才被使用。

(2)数据安全。安全问题一直是整个云计算行业的问题,尽管 OpenStack 中存在对用户身份信息的验证等安全措施,甚至划分出可以单独或合并表征安全信任等级的域,但随着用户需求的变化和发展,安全问题仍然不可小觑。

(3)计费和数据监控。随着 OpenStack 在公有云平台中的进一步部署,计费和监控成为公有云运营中的一个重要环节。云平台的管理者和云计算服务的提供者必然会进一步开发 OpenStack 的商业价值。尽管 OpenStack 中已经有 Ceilometer 计量组件,通过它提供的 API 接口可以实现收集云计算里面的基本数据和其他信息,但这项工程目前尚处于完善和测试阶段,还需要大量的技术人员予以维护和支持。

8.1.2 OpenStack 的核心服务及架构

OpenStack 覆盖了网络、虚拟化、操作系统、服务器等各个方面。它是一个正在开发中的云计算平台项目,根据成熟及重要程度的不同,被分解成核心项目、孵化项目,以及支持项目和相关项目。每个项目都有自己的委员会和项目技术主管,而且每个项目都不是一成不变的。孵化项目可以根据发展的成熟度和重要性,转变为核心项目。截至 Icehouse 版本,下面列出了 9 个核心项目(即 OpenStack 服务)。

(1) 云资源自动化部署(Heat):提供了一种通过模板定义的协同部署方式,实现云基础设施软件运行环境(计算、存储和网络资源)的自动化部署。该功能自 Havana 版本集成到项目中。

(2) 提供操作界面(Dashboard):OpenStack 中各种服务的 Web 管理门户,用于简化用户对服务的操作,例如,启动实例、分配 IP 地址、配置访问控制等。该功能自 Essex 版本集成到项目中。

(3) 监控服务(Ceilometer):像一个漏斗一样,能把 OpenStack 内部发生的几乎所有的事件都收集起来,然后为计费、监控及其他服务提供数据支撑。该功能自 Havana 版本开始集成到项目中。

(4) 卷服务(Cinder):为运行实例提供稳定的数据块存储服务,它的插件驱动架构有利于块设备的创建和管理,如创建卷及删除卷,在实例上挂载和卸载卷。该功能自 Folsom 版本开始集成到项目中。

(5) 网络服务(Neutron):提供云计算的网络虚拟化技术,为 OpenStack 其他服务提供网络连接服务。Neutron 为用户提供接口,可以定义 Network、Subnet、Router,配置DHCP、DNS、负载均衡、L3 服务,网络支持 GRE、VLAN。它的插件驱动架构支持许多主流的网络厂家和技术,如 OpenvSwitch。Neutron 自 Folsom 版本开始集成到项目中。

(6) 计算服务(Nova):一套控制器,用于为单个用户或使用群组管理虚拟机实例的整个生命周期,根据用户需求来提供虚拟服务。负责虚拟机的创建、开机、关机、挂起、暂停、调整、迁移、重启、销毁等操作,配置 CPU、内存等信息规格。Nova 自 Austin 版本开始集成到项目中。

(7) 映像服务(Glance):一套虚拟机映像查找及检索系统,支持多种虚拟机映像格式(AKI、AMI、ARI、ISO、QCOW2、Raw、VDI、VHD、VMDK),有创建上传映像、删除映像、编辑映像基本信息的功能。Glance 自 Bexar 版本开始集成到项目中。

(8) 存储映像(Swift):一套用于在大规模可扩展系统中通过内置冗余及高容错机制实现对象存储的系统,允许进行存储或者检索文件。可为 Glance 提供映像存储,为 Cinder 提供卷备份服务。Swift 自 Austin 版本开始集成到项目中。

(9) 提供认证服务(Keystone):为 OpenStack 其他服务提供身份验证、服务规则和服务令牌的功能,管理 Domains、Projects、Users、Groups、Roles。Keystone 自 Essex 版本开始集成到项目中。

OpenStack 云主机(Host)主要包含 Heat、Dashboard、Ceilometer、Cinder、Neutron、Nova、Glance、Swift 和 Keystone 9 个核心服务,并负责这些服务的管理。9 个核心服务之

间的层次架构关系如图 8-2 所示。

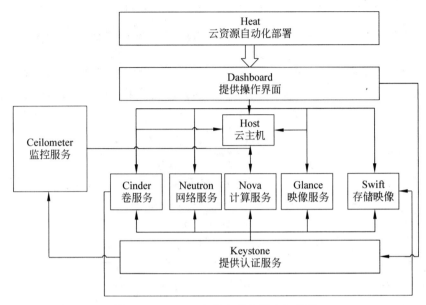

图 8-2　OpenStack 核心服务层次架构图

8.1.3　OpenStack 的优势

OpenStack 在控制性、兼容性、可扩展性、灵活性方面具备优势,它可能成为云计算领域的行业标准。

(1) 控制性。作为完全开源的平台,OpenStack 为模块化的设计,提供相应的 API 接口,方便与第三方技术集成,从而满足自身业务需求。

(2) 兼容性。OpenStack 兼容其他公有云,方便用户进行数据迁移。

(3) 可扩展性。OpenStack 采用模块化的设计,支持各主流发行版本的 Linux,可以通过横向扩展增加节点或添加资源。

(4) 灵活性。用户可以根据自己的需要建立基础设施,也可以轻松地为自己的群集增加规模。OpenStack 项目采用 Apache 2 许可,意味着第三方厂家可以重新发布源代码。

(5) 行业标准。众多 IT 领军企业都加入到 OpenStack 项目中,意味着 OpenStack 在未来可能成为云计算行业标准。

任务 8.2　OpenStack 的一键部署

OpenStack 的安装是一个难题,组件众多,非常烦琐。本任务通过 packstack 部署 OpenStack。packstack 是能够自动部署 OpenStack 的工具,通过它可以帮助管理员完成 OpenStack 的自动部署。

本任务的目标是在 CentOS 7 操作系统下,通过 packstack 工具实现一键快速部署 OpenStack。

8.2.1　部署环境准备

本案例使用 packstack 工具实现一键部署 OpenStack。通过该安装工具,只需要简单运行一条命令,就可以快速实现一键部署 OpenStack,省去很多烦琐的安装步骤,直接体验 OpenStack 的管理及使用。本任务需要提前安装部署一台安装了 CentOS 7 操作系统的主机(或者虚拟机),要求计算机能够访问互联网,主机系统采用最小化安装即可。表 8-1 是安装 OpenStack 对主机环境硬件设备的最低配置要求。

表 8-1　安装 OpenStack 的最低环境要求

硬件\需求	详细描述
处理器	支持 Intel64 或 AMD64 CPU 扩展,并开启 AMD-V 或者 Intel VT 硬件虚拟化支持的 64 位 x86 处理器,逻辑 CPU 个数为 4 个以上
内存	8GB 以上
磁盘	50GB 以上
网络	1 个 1Gb/s 网卡

主机具体环境参数配置如表 8-2 所示,此参数为参考值,大家可根据自身的网络环境进行配置,满足静态网址能够访问互联网即可。

表 8-2　主机参数配置

项　　目	参　　数
主机名	openstack
IP 地址	192.168.158.200(静态地址)
子网掩码	255.255.255.0(24)
网关	192.168.158.1
DNS	114.114.114.114

1. 最小化安装 CentOS 7

本任务主机采用虚拟机的方式实现,主机的详细配置如图 8-3 所示,CentOS 7 最小化安装的详细过程不再具体讲解,参考其他资料完成。主机采用的映像文件从本书配套资源项目 8 中获取。

2. 安装前的准备工作

正式部署 OpenStack 之前,首先要准备如下环境。

(1) 修改主机名,配置静态 IP 地址及网关、DNS 参数,并测试网络的连通性(过程略)。

修改主机名,需要 vi 编辑/etc/hostname 文件,将内容改为 openstack。

```
vi /etc/hostname
```

(2) 取消防火墙开机启动,停止防火墙服务,操作如下:

```
systemctl disable firewalld
systemctl stop firewalld
```

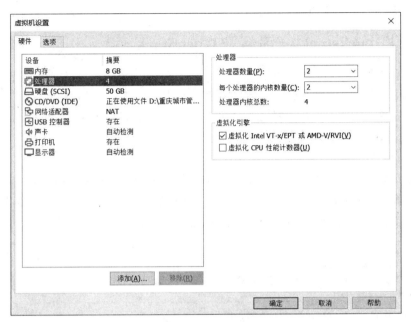

图 8-3   主机配置

（3）取消 NetworkManager 开机启动，停止服务，操作如下：

```
systemctl disable NetworkManager
systemctl stop NetworkManager
```

（4）关闭 SeLinux 开机启动，操作如下：

通过 vi 命令，编辑/etc/sysconfig/selinux 文件，内容如图 8-4 所示。

```
vi /etc/sysconfig/selinux
```

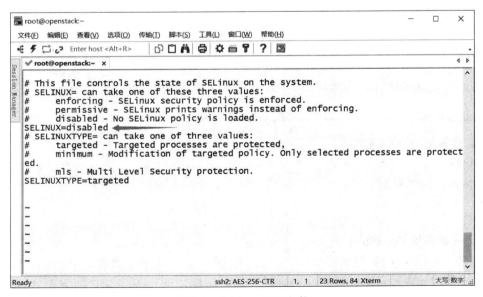

图 8-4   SeLinux 配置文件

（5）执行 reboot 命令，重启主机。

8.2.2　使用 packstack 一键部署 OpenStack

完成环境准备之后，接下来通过 packstack 部署 OpenStack。packstack 是能够自动部署 OpenStack 的工具的，通过它可以帮助管理员完成 OpenStack 的自动部署。

为了完成这一目标，首先通过 YUM 源安装 packstack 工具，然后利用 packstack 工具一键部署 OpenStack。具体步骤如下。

1. 安装 YUM 源

最小化安装 CentOS 7 之后，系统默认会提供 CentOS 的官方 YUM 源，在官方源中包含了用于部署 OpenStack 各种版本的安装源。为了保证 OpenStack 的顺利部署，需要在安装 OpenStack 的 YUM 源之前先更新系统，系统更新完毕，如图 8-5 所示。

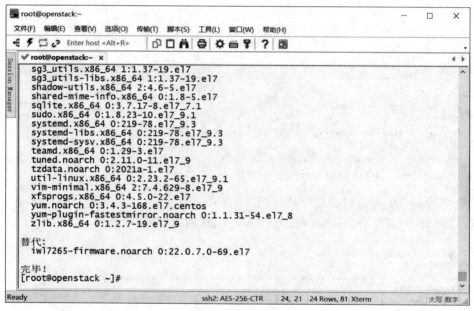

图 8-5　更新系统

本项目选择安装 queens 版本，参考安装命令如下，安装结果如图 8-6 所示。

```
yum install-y centos-release-openstack-queens
```

2. 安装 packstack 软件包

完成 YUM 源安装后，再通过 YUM 源安装 openstack-packstack 软件包。参考命令如下，安装效果如图 8-7 所示。

```
yum install -y openstack-packstack
```

3. 一键部署 OpenStack

完成前面的操作后，就可以使用 packstack 工具开始一键快速部署 OpenStack 软件。

管理员只需在控制台上输入一条命令，所有的工作皆由 packstack 自动完成。packstack 工具会将所有的 OpenStack 组件部署到同一台服务器中。在实际工作中，考虑到负载分担

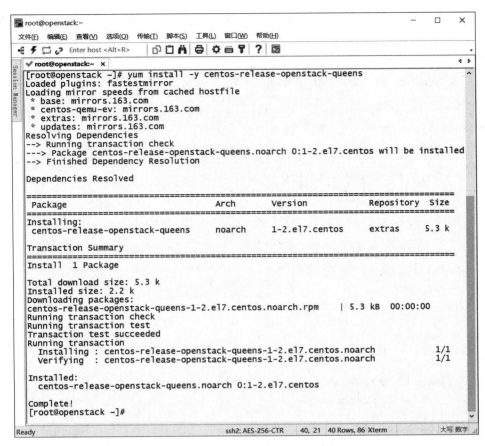

图 8-6　安装 OpenStack YUM 源

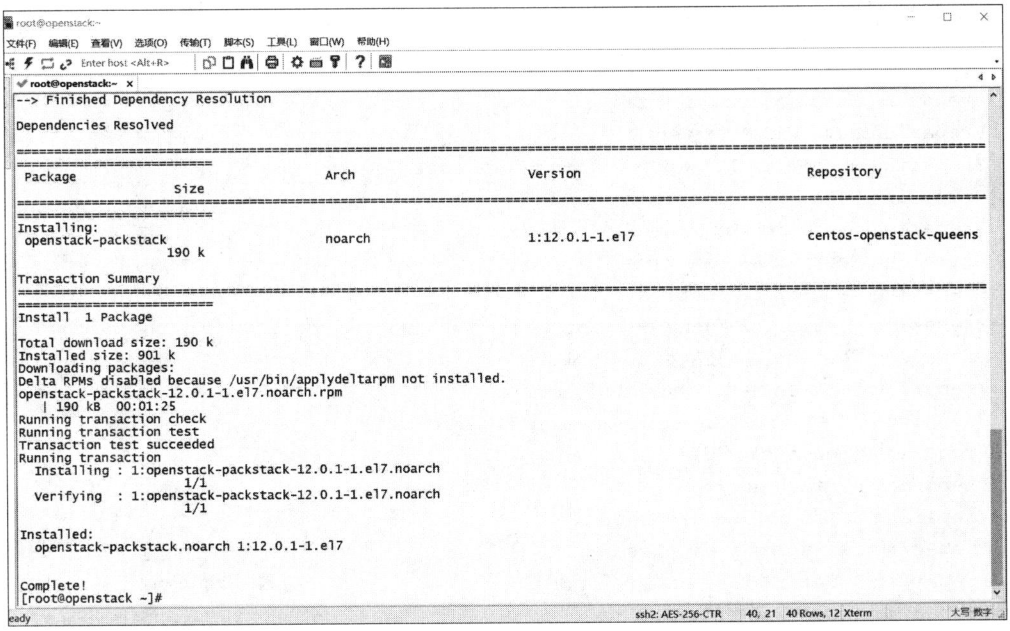

图 8-7　安装 openstack-packstack 软件包

及冗余,应考虑将 OpenStack 组件分别部署到不同的服务器中。

只需执行以下命令,即可完成 OpenStack 的安装。注意,当在界面中出现 successfully 字样时,说明 OpenStack 安装成功。

执行命令 packstack --allinone,控制台提示如下信息。

```
[root@ openstack ~]#packstack --allinone
Welcome to the Packstack setup utility

The installation log file is available at: /var/tmp/packstack/20210316-152115-
varsfd/openstack-setup.log
Packstack changed given value to required value /root/.ssh/id_rsa.pub

Installing:
Clean Up                                                         [ DONE ]
Discovering ip protocol version                                 [ DONE ]
Setting up ssh keys                                             [ DONE ]
Preparing servers                                              [ DONE ]
Pre installing Puppet and discovering hosts' details           [ DONE ]
Preparing pre-install entries                                  [ DONE ]
Setting up CACERT                                              [ DONE ]
Preparing AMQP entries                                         [ DONE ]
Preparing MariaDB entries                                      [ DONE ]
Fixing Keystone LDAP config parameters to be undef if empty    [ DONE ]
Preparing Keystone entries                                     [ DONE ]
Preparing Glance entries                                       [ DONE ]
Checking if the Cinder server has a cinder-volumes vg          [ DONE ]
Preparing Cinder entries                                       [ DONE ]
Preparing Nova API entries                                     [ DONE ]
Creating ssh keys for Nova migration                           [ DONE ]
Gathering ssh host keys for Nova migration                     [ DONE ]
Preparing Nova Compute entries                                 [ DONE ]
Preparing Nova Scheduler entries                               [ DONE ]
Preparing Nova VNC Proxy entries                               [ DONE ]
Preparing OpenStack Network-related Nova entries               [ DONE ]
Preparing Nova Common entries                                  [ DONE ]
Preparing Neutron LBaaS Agent entries                          [ DONE ]
Preparing Neutron API entries                                  [ DONE ]
Preparing Neutron L3 entries                                   [ DONE ]
Preparing Neutron L2 Agent entries                             [ DONE ]
Preparing Neutron DHCP Agent entries                           [ DONE ]
Preparing Neutron Metering Agent entries                       [ DONE ]
Checking if NetworkManager is enabled and running              [ DONE ]
Preparing OpenStack Client entries                             [ DONE ]
Preparing Horizon entries                                      [ DONE ]
Preparing Swift builder entries                                [ DONE ]
Preparing Swift proxy entries                                  [ DONE ]
Preparing Swift storage entries                                [ DONE ]
Preparing Gnocchi entries                                      [ DONE ]
Preparing Redis entries                                        [ DONE ]
Preparing Ceilometer entries                                   [ DONE ]
```

```
Preparing Aodh entries                                    [ DONE ]
Preparing Puppet manifests                                [ DONE ]
Copying Puppet modules and manifests                      [ DONE ]
Applying 192.168.158.200_controller.pp
192.168.158.200_controller.pp:                            [ DONE ]
Applying 192.168.158.200_network.pp
192.168.158.200_network.pp:                               [ DONE ]
Applying 192.168.158.200_compute.pp
192.168.158.200_compute.pp:                               [ DONE ]
Applying Puppet manifests                                 [ DONE ]
Finalizing                                                [ DONE ]

**** Installation completed successfully ******

Additional information:
 * A new answerfile was created in: /root/packstack-answers-20210316-152116.txt
 * Time synchronization installation was skipped. Please note that unsynchronized
time on server instances might be problem for some OpenStack components.
 * File /root/keystonerc_admin has been created on OpenStack client host 192.168.
158.200. To use the command line tools you need to source the file.
 * To access the OpenStack Dashboard browse to http://192.168.158.200/dashboard.
Please, find your login credentials stored in the keystonerc_admin in your home
directory.
 * The installation log file is available at: /var/tmp/packstack/20210316-152115
-varsfd/openstack-setup.log
 * The generated manifests are available at: /var/tmp/packstack/20210316-152115-
varsfd/manifests
```

OpenStack 部署完成之后，Linux 虚拟网桥 br-ex 中的 IP 地址则是临时的，需要生成配置文件。

先将 ens33 网卡的配置文件复制一份，执行如下命令。

```
[root@ openstack ~]#cd /etc/sysconfig/network-scripts/
[root@ openstack network-scripts]#cp ifcfg-ens33 ifcfg-br-ex
```

文件复制成功后，通过 vi 命令编辑 ifcfg-br-ex 文件，按照如下内容修改 ifcfg-br-ex 文件。

```
TYPE="Ethernet"
PROXY_METHOD="none"
BROWSER_ONLY="no"
BOOTPROTO="none"
DEFROUTE="yes"
IPV4_FAILURE_FATAL="no"
IPV6INIT="yes"
IPV6_AUTOCONF="yes"
IPV6_DEFROUTE="yes"
IPV6_FAILURE_FATAL="no"
IPV6_ADDR_GEN_MODE="stable-privacy"
NAME="br-ex"
UUID="684e7321-ad5b-424b-bfcb-e1daf6801ec9"
```

```
DEVICE="br-ex"
ONBOOT="yes"
IPADDR="172.24.4.1"
PREFIX="24"
GATEWAY="172.24.4.2"
DNS1="114.114.114.114"
IPV6_PRIVACY="no"
```

至此,已经完成 OpenStack 的部署。控制台消息的最后部分提示了环境变量文件和日志文件的位置,以及登录 Dashboard 的方法。根据提示,在浏览器中输入 http://主机 IP 地址/dashboard,可以登录 OpenStack 的 Horizon Web 界面。在 Horizon Web 界面中,可以与每个 OpenStack 项目 API 进行通信并执行大部分任务。

任务 8.3　通过 Dashboard 管理 OpenStack

通过任务 8.2 完成了 OpenStack Queens 版本的快速部署,接下来通过 OpenStack 的可视化 Web 管理工具 Dashboard 体验 OpenStack 的功能,从而完成云主机的创建。

8.3.1　通过 Dashboard 体验 OpenStack 功能

Horizon 是 OpenStack 的一个组件,同时也是 OpenStack 中 Dashboard(仪表板,即 Web 控制台)的项目名,主要用于 OpenStack 的管理,其底层通过 API 和 OpenStack 其他组件进行通信,为管理员提供 Web 页面,以方便操作管理。

在客户端的浏览器地址栏中输入 http://192.168.158.200/dashboard,进入 Dashboard 的登录界面,如图 8-8 所示。

图 8-8　Dashboard 登录界面

提示：如果出现 http500 错误提示，说明是内部服务器错误，可通过重新启动服务器解决。

安装 OpenStack 后，在 root 用户的 Home 目录下会生成一个 keystone_admin 文件。该文件记录有 keystone(OpenStack 认证组件)认证环境变量，包括用户名和登录密码。

另外，不同服务器生成的默认密码是不同的，代码如下所示。

```
[root@ openstack ~]#cat keystonerc_admin
unset OS_SERVICE_TOKEN
    export OS_USERNAME=admin
    export OS_PASSWORD='bc6fd682491a4b2a'
    export OS_REGION_NAME=RegionOne
    export OS_AUTH_URL=http://192.168.158.200:5000/v3
    export PS1='[\u@ \h \W(keystone_admin)]\$ '
    export OS_PROJECT_NAME=admin
    export OS_USER_DOMAIN_NAME=Default
    export OS_PROJECT_DOMAIN_NAME=Default
    export OS_IDENTITY_API_VERSION=3
```

在 Web 控制台中输入用户名和密码并登录后，出现 Dashboard 的默认界面，如图 8-9 所示。如果登录后出现的是英文界面，可以在右上角进行语言设置。在用户设置中，选择语言为简体中文。

图 8-9　Dashboard 登录成功界面

左边导航栏主要分为项目、管理员、身份管理三项，下面逐项进行讲解。

1. 项目

"项目"节点中包含了计算、网络、对象存储等类别。

(1)计算。计算主要有概况、实例、映像和密钥对子类，如图 8-10 所示。

各子类的功能说明如下。

● 概况：主要展示云计算各资源的使用情况，括号中的数字表示资源的上限，默认有一个安全组。

● 实例：所有创建过的云主机都会在实例中显示，也可以新创建云主机。

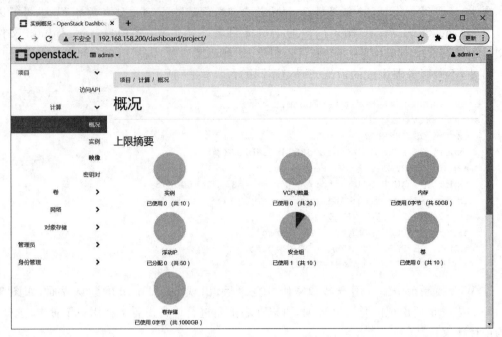

图 8-10　"计算"节点的子类

- 映像：所有的映像都会在这里显示，可以执行创建映像和删除映像等操作。
- 密钥对：可以通过创建密钥对远程免密码对云主机进行管理。

（2）网络。网络主要包含网络拓扑、网络、路由、安全组、浮动 IP 和中继子类，如图 8-11 所示。

图 8-11　"网络"节点的子类

各子类的功能说明如下。

- 网络拓扑：显示当前网络的拓扑结构，包含网络、路由器以及接口。
- 网络：显示已经创建的云主机网络，也可以新建网络或者编辑现有网络。默认有一个公用的网络，子网为 172.24.4.0/24。
- 路由：用于将云主机的私有地址通过路由的方式转发到其他私有网络，或通过网络地址转换（network address translation，NAT）转发到外部网络，实现网络通信。默认为空。
- 安全组：类似于防火墙的功能，可以通过安全组设置入口和出口规则，用于控制进出云主机的网络流量。
- 浮动 IP：一般用于外部网络访问云主机，类似于 NAT。
- 中继：用于设置 OpenStack 的网络中继相关的配置。如果不使用中继功能，可以忽略此项。

（3）对象存储。对象存储主要包含容器子类，如图 8-12 所示。

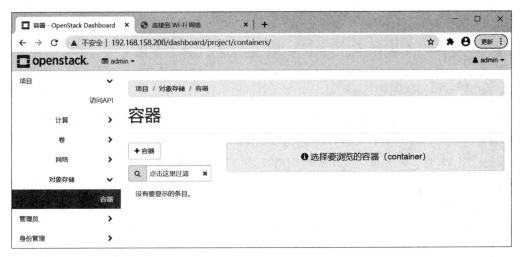

图 8-12　"对象存储"节点的子类

容器表示存储数据的地方和 Windows 的文件夹、Linux 的目录类似，因为 packstack 只部署核心基本组件，所以提示无法获取 Swift 容器列表，可忽略该错误提示。有关 Swift 的知识请参考 OpenStack 官方手册。

2. 管理员

"管理员"和"项目"节点具有相似的功能，但是权限不同。"管理员"节点操作权限更高，但是仅限管理员用户操作。

"管理员"节点的系统子类里面包含很多功能。除了之前介绍的功能外，还包含概况等子类，如图 8-13 所示。

各子类的功能说明如下。

- 概况：显示每个项目的硬件使用信息，支持过滤查询。
- 虚拟机管理器：用于管理控制节点和计算节点的集合。

图 8-13　系统概况

- 主机聚合：将一些硬件配置更优的主机进行划分后单独使用。
- 实例类型：创建云主机的规格，比如 CPU 数量、内存容量、硬盘容量。默认会提供部分实例类型，也可以根据需求进行创建。
- 默认值：在介绍项目类时提到对硬件设备有一定的限制，比如只能创建实例的数量和存储卷的使用限制。实验中，可以根据实际情况进行调整和修改。
- 元数据定义：列出命名空间的使用情况，也可以对其修改。
- 系统信息：列出 OpenStack 服务以及对应的访问端点。

3. 身份管理

"身份管理"节点主要有项目、用户、组和角色等子类，如图 8-14 所示。

图 8-14　"身份管理"节点的子类

各子类的功能说明如下。

- 项目：显示当前所有的项目，即租户。
- 用户：显示当前所有的用户。
- 组：显示当前所有的组。
- 角色：显示当前所有的角色。

8.3.2　创建云主机

了解了控制台的基本功能之后，就可以通过 OpenStack 创建一台云主机。

成功创建或启动台云主机需要依赖 OpenStack 中的各种虚拟资源，如 CPU、内存、硬盘等。如果云主机需要连接外部网络，那么还需要网络、路由器等资源；如果外部网络需要访问云主机，那么还需要进行浮动 IP 配置。因此，在创建云主机之前，首先要保证所需的资源配置。

在本项目的实验中，使用默认的实例类型 m1.tiny（1 个 CPU、512MB 内存、1GB 根磁盘）和新创建的网络 private，并通过路由器 my_route 将虚拟机所在的 private 网络路由（同时执行 NAT 转换）到外部网络 public，创建云主机并使其能访问外部网络。

1. 创建网络

管理员成功登录 Dashboard 后，执行以下操作。可以创建一个自定义的网络。

（1）在控制台中依次选择"项目"→"网络"→"网络"，在右边区域默认会出现公有网络 public，如图 8-15 所示。

图 8-15　默认的公有网络

（2）单击右上角的"＋创建网络"按钮，在弹出的"创建网络"界面中，输入网络名称为 private，保持默认的复选框状态，再进入"下一步"，如图 8-16 所示。

（3）在"子网"页面中输入子网名称、网络地址等参数。网关 IP 如果保持为空，表示使用该网络的第一个地址，即×.×.×.1 为网关地址。如果不希望该网络中的虚拟机通过该网络访问其他网络，可勾选"禁用网关"选项。此处保持默认值，再进入"下一步"，如图 8-17

185

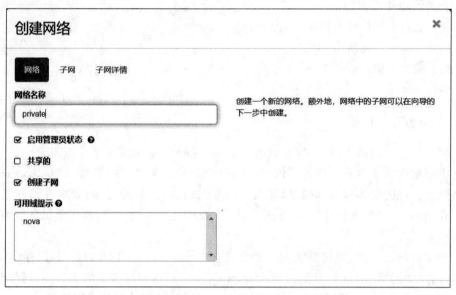

图 8-16　"创建网络"界面中的"网络"页面

所示。

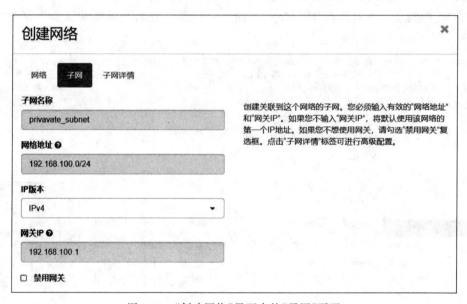

图 8-17　"创建网络"界面中的"子网"页面

（4）在"子网详情"页面中可以配置 DHCP，向该网络中的云主机自动分配 IP 地址。如需配置 DHCP，保持"激活 DHCP"选项为勾选状态。在"分配地址池"栏中输入需要分配 IP 地址的范围，首地址和末地址以逗号分割；在"DNS 服务器"栏中输入需要分配的 DNS 地址，通常是网络中真实的 DNS 服务器地址。单击"已创建"按钮，如图 8-18 所示。

（5）完成网络的创建之后，显示已成功创建网络，如图 8-19 所示。

图 8-18　"创建网络"界面中的"子网详情"页面

图 8-19　成功创建网络

2. 创建路由

创建路由的目的是使云主机所在的私有网络和外部网络所在的公有网络之间可以进行信息的转发,让云主机可以访问外部网络。

下面是具体的操作步骤。

（1）在控制台中依次选择"项目"→"网络"→"路由"，如图 8-20 所示。

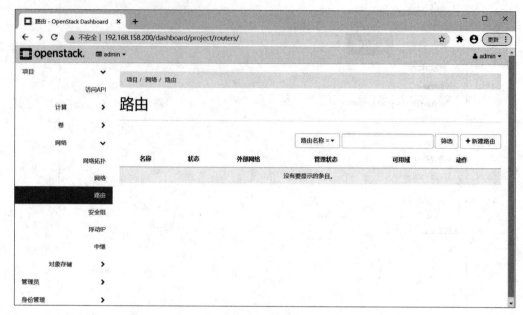

图 8-20　"路由"界面

（2）单击右上角的"＋新建路由"按钮，在弹出的"新建路由"页面中填写"路由名称"为 my_route，"外部网络"选择默认的公有网络 public，完成后单击"新建路由"按钮，如图 8-21 所示。

图 8-21　"新建路由"页面

（3）在"路由"列表页面可以看到新创建的路由器（虚拟路由器），如图 8-22 所示。新的路由器创建完成后，默认会存在一个外部接口，并关联到外部网络中。这时还需要增加一个接口并关联到内部网络 private，从而可以在两个网络之间转发数据。

图 8-22　"路由"列表

（4）在图 8-22 中，单击路由器名称 my_route 超链接，进入路由器详细信息页面。在弹出的路由器详细信息页面中单击"接口"选项卡，显示的内容如图 8-23 所示，再单击"＋增加接口"按钮，弹出如图 8-24 所示页面。

图 8-23　创建路由的"接口"选项卡

（5）在弹出的"增加接口"页面中，选择子网为之前创建的 private 私有网络；IP 地址栏可以留空，默认为 private 网络的网关地址（192.168.100.1）。完成后单击"提交"按钮，如图 8-24 所示。

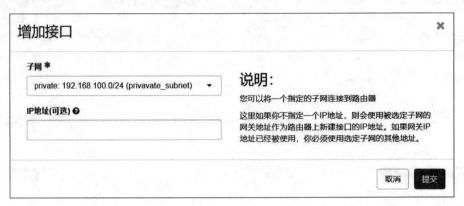

图 8-24　创建路由的"增加接口"页面

（6）返回路由配置页面，可以看到创建成功的接口，如图 8-25 所示。

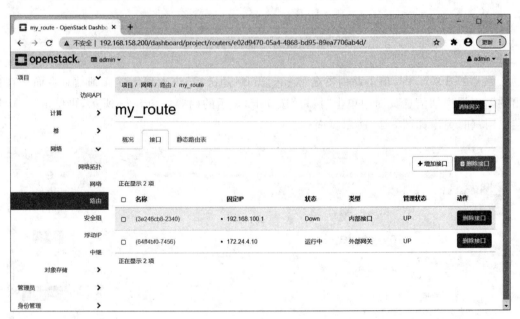

图 8-25　创建成功的接口信息

（7）创建网络和创建路由完成之后，再次查看网络拓扑。

依次选择"项目"→"网络"→"网络拓扑"，可以看到在右边的网络拓扑区域已经多了一个私有网络，并且私有网络和公有网络之间通过路由器连接，如图 8-26 所示。

至此，完成网络资源的配置。

3．创建云主机

网络和路由部分的配置完成之后，下面开始创建第一台云主机。

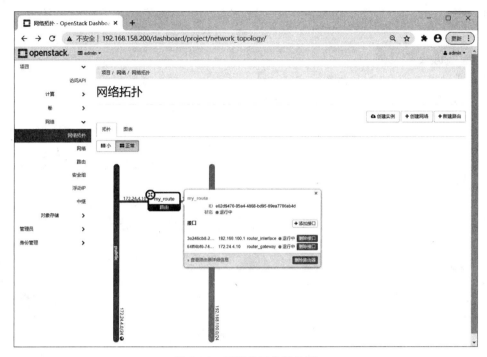

图 8-26　更新的网络拓扑图

（1）依次选择"项目"→"计算"→"实例"，在右边的区域中没有任何实例存在。创建云主机需要单击右上角的"创建实例"按钮，如图 8-27 所示。

图 8-27　创建云主机

（2）在弹出的创建实例的"详情"页面，填写"实例名称"为 test，其他字段保持默认设置，并单击"下一项"按钮，如图 8-28 所示。

图 8-28　创建实例的"详情"页面

（3）在"源"页面的"选择源"下拉列表中选择"映像"，并单击页面下方列出的可用映像 ciros 右边的箭头按钮，完成后单击"下一项"按钮，如图 8-29 所示。

图 8-29　"源"页面

（4）在"实例类型"页面，选择资源占用最少的实例类型，单击页面下方名称为 m1.tiny 的实例类型右边的箭头按钮，完成后单击"下一项"按钮，如图 8-30 所示。

图 8-30　"实例类型"页面

（5）在"网络"页面中，选择云主机连接的私有网络。单击之前创建的 private 网络右边的箭头，保证 private 网络置于可分配状态。其他选项保持默认值，直接单击"创建实例"按钮，如图 8-31 所示。

图 8-31　"网络"页面

（6）在弹出的"实例"页面中可以看到已创建的云主机。创建实例有一个过程，因为需要执行块设备映射等操作,主要看硬件和网络的性能,可能需要等待几秒或者十几秒,最后看到成功创建了实例,如图 8-32 所示。

图 8-32 成功创建实例

项 目 总 结

通过本项目的学习,读者学习了 OpenStack 的起源和发展,了解了 OpenStack 的核心服务、架构以及优势。

通过在 CentOS 7 最小化安装环境下部署 OpenStack,可以掌握通过 packstack 一键部署 OpenStack,以及通过 Dashboard 创建云主机并访问互联网等相关内容,对云平台有了简单的认识。

实 践 任 务

实验名称:

使用快速部署方式部署 OpenStack(Queens 版)云计算系统。

实验目的:

- 掌握 OpenStack 基础环境的准备。
- 掌握 OpenStack YUM 源的安装。
- 掌握 ALLINONE 方式部署 OpenStack。
- 掌握 Dashboard 的用法。

实验内容：

- 准备 OpenStack 基础环境，搭建 Linux 最小化安装环境。
- 安装 OpenStack YUM 源。
- 安装 packstack 工具包。
- 使用 ALLINONE 命令安装 OpenStack。
- 通过 Dashboard 创建云主机。

拓 展 练 习

一、选择题

1. 关于 OpenStack 的说法错误的是(　　)。

A. Swift 项目为 OpenStack 提供了持久的块存储设备，可方便扩展

B. 众多 IT 领军企业都加入 OpenStack 项目中，意味着 OpenStack 可能形成行业标准

C. OpenStack 采用 Apache 2.0 协议许可，也就是说第三方厂家可以重新发布源代码

D. OpenStack 采用模块化设计，支持主流发行版本的 Linux

2. 通过 packstack 一键部署 OpenStack 的命令是(　　)。

A. allinone -openstack

B. allinone -packstack

C. openstack -allinone

D. packstack -allinone

二、简答题

1. 简述 packstack 部署 OpenStack 的步骤。

2. 简述 Dashboard 中创建云主机的步骤。

项目 9　容器虚拟化 Docker 实践

Docker 是一个开源的应用容器引擎，让开发者可以打包他们的应用以及依赖到一个可移植的映像中，然后发布到任何流行的 Linux 或 Windows 机器上，也可以实现虚拟化。容器是完全使用沙箱机制，相互之间不会有任何接口。

本项目重点通过 Docker 的基本知识和 Docker 的基本操作来了解 Docker 究竟是什么，并学习 Dock 的安装以及如何来完成一些简单的 Docker 虚拟化应用。

项目目标

1. 知识目标
- 了解容器技术的概念及发展历史。
- 了解容器虚拟化技术的特点。
- 了解容器虚拟化与虚拟机虚拟化的区别。
- 掌握容器的引擎组成。
- 掌握容器的组件及作用。
- 掌握 Docker 的下载和安装方法。
- 掌握映像、容器等组件操作的基本方法。

2. 能力目标
- 能区分容器虚拟化和虚拟机虚拟化。
- 能下载并安装 Docker。
- 能使用命令对容器、映像等进行操作。
- 能使用容器部署 Tomcat Web 服务器。
- 能使用容器部署 MySQL 数据库。

任务 9.1　Docker 概述

本任务重点介绍 Docker 的概念和起源，从 4 个方面介绍 Docker 的特点，并通过详细的讲解和对比，分析 Docker 虚拟化与传统虚拟机虚拟化的区别，凸显 Docker 的优势。

9.1.1　Docker 的概念

Docker 是由 Docker Inc.公司于 2013 年推出的构建在 LXC(Linux container,Linux 容器)技术上的应用容器引擎，是一个基于 Go 语言实现并遵从 Apache 2.0 协议的开源项目。Docker 重新定义了应用程序的开发、测试、交付和部署过程，提出了"构建一次，到处运行"

的理念。Docker 项目的目标主要是实现轻量级的操作系统虚拟化解决方案。Docker 自开源后,一直深受广大开发者的关注。利用 Docker 可以很方便地打包用户的应用,以及将每个应用所依赖的包移植到容器中,并快速部署到主流的 Linux 服务器上。

当前 Docker 得到了众多大型企业的支持与使用,例如,Google 将 Docker 应用到了它的 PaaS 平台上,而微软则与 Docker 公司合作在其 Azure 产品上给 Docker 提供支持。公有云提供商亚马逊也推出了 AWS EC2 Container,来提供对 Docker 的支持。

9.1.2　Docker 的特点

1. 简单快速

Docker 上手非常快,用户只需要几分钟,就可以把自己的程序 Docker 化。Docker 依赖于“写时复制”模型,使修改应用程序非常迅速,可以说达到了“随心所至,代码即改”的境界。

随后,就可以创建容器来运行应用程序了。大多数 Docker 容器不到 1s 即可启动。由于去除了管理程序的开销,Docker 容器拥有很高的性能,同一时间、同一台宿主机中也可以运行更多的容器,使用户可以尽可能充分地利用系统资源。

2. 逻辑分离

使用 Docker,开发人员只需要关心容器中运行的应用程序,而运维人员只需要关心如何管理容器。Docker 设计的目的就是要加强开发人员写代码的开发环境与应用程序要部署的生产环境的一致性,从而降低那种“开发时一切都正常,肯定是运维的问题”的风险。

3. 快速高效

Docker 的目标之一就是缩短代码从开发、测试到部署、上线运行的周期,使开发的应用程序具备可移植性,易于构建与协作。

4. 面向服务

Docker 还鼓励面向服务的架构和微服务架构。Docker 推荐单个容器只运行一个应用程序或进程,这样就形成了一个分布式的应用程序模型。在这种模型下,应用程序或服务可以表示为系列内部互连的容器,从而使分布式部署应用程序、扩展或调用应用程序变得非常简单,提高了程序的扩展性。

9.1.3　Docker 与虚拟机比较

作为一种新兴的虚拟化方式,Docker 跟前面所讲到的传统的虚拟化方式相比具有众多的优势。

1. 更高效地利用系统资源

容器不需要进行硬件虚拟及运行完整操作系统等额外开销,且 Docker 对系统资源的利用率更高。无论是应用执行、文件存储,还是在减少内存损耗方面,都要比传统虚拟机技术更高效。因此,相比传统的虚拟机技术,一个相同配置的主机,往往可以运行更多数量的应用。

2. 更快速的启动时间

传统的虚拟机技术启动应用服务往往需要数分钟,而 Docker 容器应用由于直接运行于宿主机内核,无须启动完整的操作系统,因此,可以达到秒级甚至毫秒级的启动时间,大大节约了开发、测试、部署的时间。

3. 一致的运行环境

在开发过程中，一个常见的问题是环境的一致性问题。由于开发环境、测试环境、生产环境不一致，导致有些 Bug 未在开发过程中被发现。而 Docker 的映像提供了除内核外完整的运行时环境，确保了应用运行环境的一致性。

4. 持续交付和部署

对开发和运维人员来说，最理想的工作状态就是一次性将软件创建或配置好，然后可以在任意地方正常运行。使用 Docker 可以通过定制应用映像来实现持续集成、持续交付和部署。开发人员可以通过 Dockerfile 进行映像构建，并结合持续集成系统进行集成测试，而运维人员则可以直接在生产环境中快速部署该映像，甚至结合持续部署系统进行自动部署。

另外，使用 Dockerfile 可使映像构建透明化，不仅方便开发团队理解应用运行环境，而且也方便运维团队理解应用运行所需的条件，以便更好地帮助人们在生产环境中部署该映像。

5. 更轻松地迁移

由于 Docker 确保了执行环境的一致性，因此，使得应用的迁移更加容易，Docker 可以在多个平台上运行，无论是在物理机、虚拟机、公有云、私有云，还是在便携式计算机中，其运行结果是一致的。因此，用户可以很轻易地将在一个平台上运行的应用迁移到另一个平台上，而不用担心运行环境的变化导致应用无法正常运行的情况。

6. 更轻松地维护和扩展

Docker 使用的分层存储及映像的技术，使得应用重复部分的复用更为容易，也使得应用的维护和更新更加简单，还使得基于基础映像进一步扩展变得非常简单。Docker 团队同各个开源项目团队一起维护了一大批高质量的官方映像。此外，环境使用又可以作为基础进一步定制，大大降低了应用服务的映像制作成本。

7. 与传统虚拟机的对比

Docker 容器与传统虚拟机的对比如表 9-1 所示。

表 9-1　Docker 与传统虚拟机对比表

项　目	Docker	虚 拟 机
操作系统	简化的操作系统	完整的操作系统
启动时间	毫秒级	分钟级
存储空间	一般为 MB 级别	一般为 GB 级别
性能	接近原生态	略微弱于原生态
支持容量	单机支持上千个容器	一般几十个
隔离性	完全隔离	完全隔离

任务 9.2　Docker 核心技术

Docker 是一个操作系统级虚拟化技术，这和传统的整个操作系统虚拟机 VMware 不一样。本任务将从 Docker 引擎架构、Docker 映像、Docker 容器、Docker 仓库等多个方面阐述 Docker 技术组件。

9.2.1　Docker 引擎

Docker 引擎即 Docker Engine,它是一个客户端/服务器(C/S)应用程序,也是一个非常松耦合的架构。Docker 引擎示意图如图 9-1 所示。

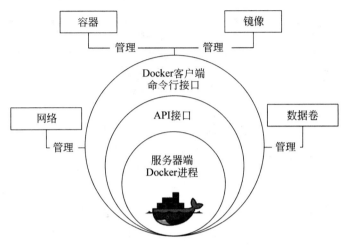

图 9-1　Docker 引擎示意图

Docker 引擎主要包含以下几个组件:守护进程(Docker Daemon)、REST API 和命令行接口(CLI)。其中,守护进程一直运行在一台主机上,用户并不直接和守护进程进行交互,而是通过 CLI 间接与其通信。REST API 则描述了守护进程提供的各个接口,使得 CLI 可以用它和守护进程进行交互。守护进程用于创建和管理 Docker 的各个对象,包括映像、容器、网络和数据卷等。

9.2.2　Docker 平台组成

Docker 作为一个 C/S 架构的应用程序,它通过客户端让 Docker 的守护进程进行编译、运行,并发布 Docker 容器。当然,Docker 的客户端和服务器可以运行在同一台机器上,也可以运行在多台机器上,通过 UNIX/Linux 的 Socket 或者其他网络协议方式来访问。

从图 9-2 可以看出,一个完整的 Docker 服务包括服务器、客户端、映像、容器和仓库。

1. Docker 映像

Docker 映像类似于虚拟映像,可以将它理解为一个面向 Docker 引擎的只读模板,它包含文件系统。

如果一个映像只包含一个完整的 CentOS 操作系统环境,则可以把它称为一个 CentOS 映像。映像也可以安装 Apache 应用程序,称为 Apache 映像。

映像是创建 Docker 的基础。通过版本管理和增量的文件系统,Docker 提供了一套十分简单的机制来创建和更新现有的映像。用户也可以从网上下载一个已经做好的应用映像,通过简单的命令就可使用了。

2. Docker 容器

Docker 容器类似于一个轻量级的沙盒,Docker 利用容器来运行和隔离应用。容器是

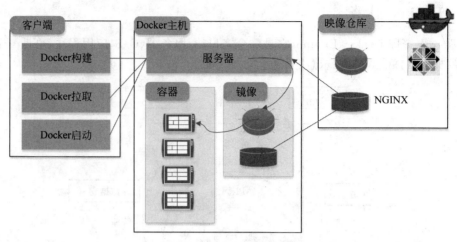

图 9-2　Docker 总体架构图

从映像创建应用运行实例,如启动、开始、停止、删除,而这些容器都是互相隔离、互不可见的。可以把容器看作一个简易版的 Linux 系统环境,以及运行在其中的应用程序打包而成的应用盒子。映像自身是只读的,容器从映像启动时 Docker 会在映像的最上层创建可写层,映像本身将保持不变。

3. Docker 仓库

Docker 仓库是集中存放映像文件的场所。有时候会把仓库和仓库注册服务器混为一谈,且并不严格区分它们。实际上,仓库注册服务器上往往存放着多个仓库,每个仓库中又包含多个映像,每个映像有不同的标签。用户可以在本地网络内创建一个私有仓库。

当用户创建了自己的映像之后,就可以使用 push 命令将它上传到公有仓库或者私有仓库,这样下次在其他机器上使用这个映像时,只需要在仓库上使用 pull 命令就行。

任务 9.3　Docker 的安装与使用

Docker 的安装分为 Windows 和 Linux 下的安装。下面重点讲解如何在 Windows 10 和 CentOS 7 下使用映像、容器和仓库以及 Docker 的常用操作命令。

9.3.1　在 Windows 中安装 Docker

Docker 的 Windows 版本称为 Docker Toolbox。Docker Toolbox 是一个 Docker 组件的集合,包括一个极小的虚拟机。用户可以通过 Docker Toolbox 在 PC(Windows/OSX)端构建一个入门的 Docker 环境。

Docker 需要 Windows 10 专业版或者企业版以上的版本才能安装。Windows 10 可以是物理机,也可以是虚拟机。

首先需要从官方网站下载 Docker for Windows Installer.exe 安装包。获取安装包后,打开进入安装界面,根据系统环境,需要升级相应的文件并进行安装,如图 9-3 所示。

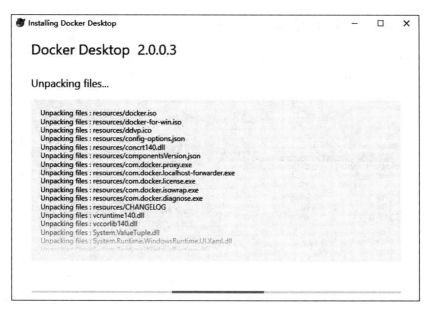

图 9-3　升级系统文件

根据系统配置不同，等待 3～10 分钟即可完成 Docker 的安装，如图 9-4 所示。

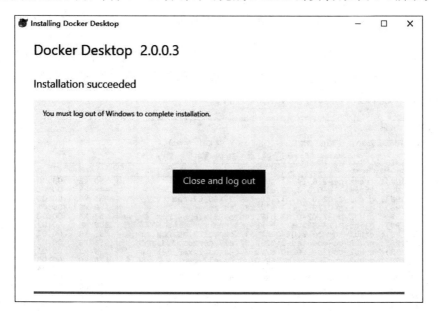

图 9-4　Docker 安装完成

安装完成后，计算机桌面出现小鲸鱼图标，表示完成了 Docker 的安装。

由于很多 Docker 的虚拟化基本都是在 Linux 下进行的，Windows 下较少使用 Docker，读者能够知晓 Windows 下的安装步骤即可。下面详细讲解在 CentOS 7 下安装 Docker 的详细步骤。

9.3.2 在 CentOS 7 中安装 Docker

要在 CentOS 7 下安装 Docker,需要提前做好准备工作,要求 CentOS 7 操作系统最小化安装,并能够访问互联网。硬件配置参考图 9-5 所示的参数。

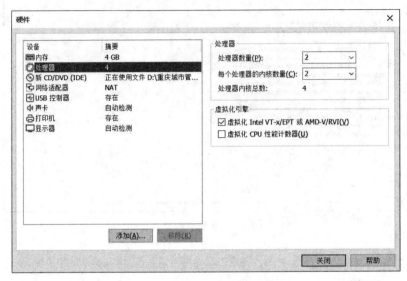

图 9-5 硬件配置

为了满足系统内核和软件版本的要求,在安装 Docker 之前,需要先升级系统。执行 yum update -y 命令,升级过程如图 9-6 所示,然后等待系统升级完成。升级过程取决于系统版本和网络环境,通常需要等待 3~10 分钟。

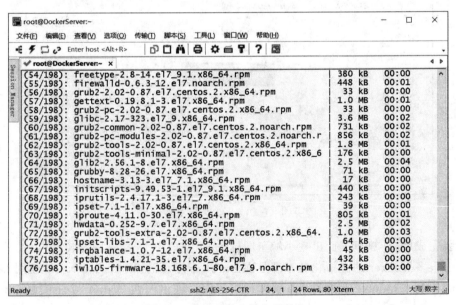

图 9-6 升级系统内核和软件包

系统升级完成后,执行 Docker 安装命令 yum install docker -y 来安装 Docker 程序,安装过程如图 9-7 所示。等待几分钟,Docker 安装完毕。

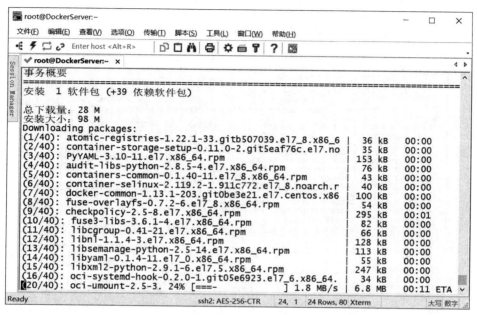

图 9-7　安装 Docker 过程

9.3.3　Docker 服务

Docker 安装完毕,需要使用命令启动 Docker 的系统服务。为了保证 Docker 服务的正常启动,一般先停止防火墙并禁止开机自动启动防火墙服务,参考命令如表 9-2 所示。

表 9-2　Docker 相关命令

命　　令	功　　能
systemctl stop firewalld	停止防火墙
systemctl disable firewalld	禁用自动启动防火墙
systemctl start docker	启动 Docker 服务
systemctl status docker	查看 Docker 服务状态
systemctl enable docker	设置随系统自动启动 Docker 服务
systemctl stop docker	停止 Docker 服务

执行状态查看命令 systemctl status docker,出现如图 9-8 所示的提示,说明 Docker 启动成功。

9.3.4　Docker 映像操作

Docker 运行容器之前需要本地存在对应的映像,如果没有本地映像,Docker 会先尝试从默认仓库下载,用户也可以通过配置使用自定义的映像仓库。

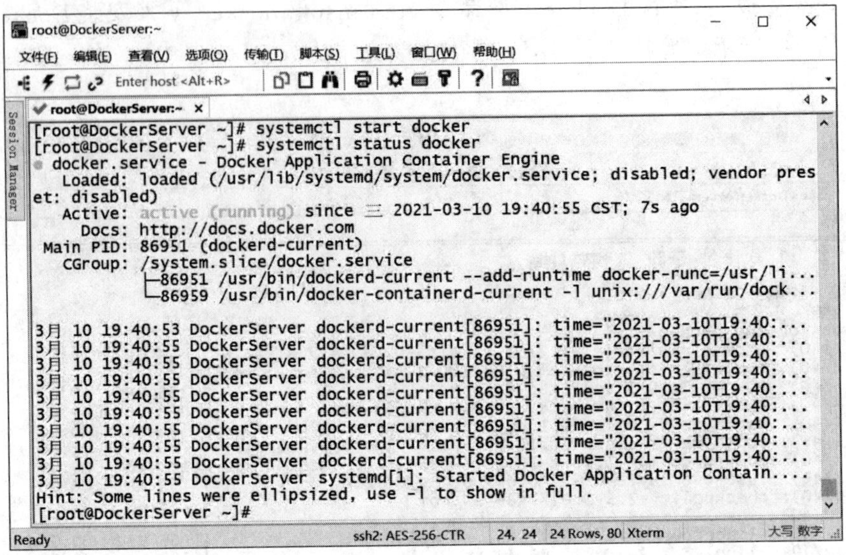

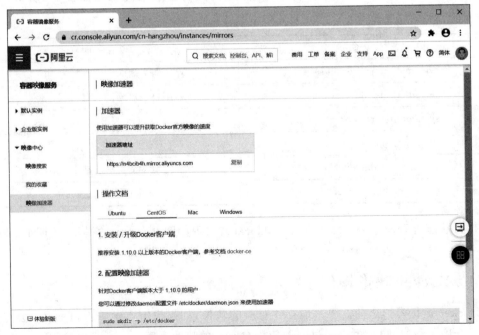

图 9-8　显示 Docker 服务状态

　　下载映像时,由于网络原因,下载一个 Docker 官方映像可能会需要很长的时间,甚至下载失败。为此,阿里云容器映像服务 ACR 提供了官方的映像站点,从而加速官方映像的下载。为了提升映像的下载速度,我们需要首先配置映像加速器。

　　不同的操作系统配置映像加速器的方法不同,这里以 CentOS 7 配置阿里云映像加速器为例进行讲解。

　　首先登录阿里云的"容器映像服务"控制台,网址为 https://cr.console.aliyun.com/cn-hangzhou/instances/mirrors。"容器映像服务"控制台主界面如图 9-9 所示。

图 9-9　"容器映像服务"控制台主界面

在此主界面选择"映像加速器"链接,复制加速器地址。

编辑 CentOS 7 操作系统下的/etc/docker/daemon.json 文件,如图 9-10 所示。

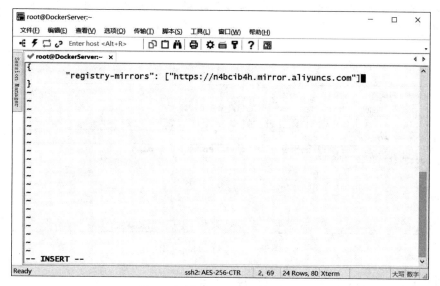

图 9-10　编辑 daemon.json 文件

完成 daemon.json 文件的编辑,重新加载 daemon.json,并重新启动 Docker 服务,完成加速器的修改。

```
systemctl daemon-reload    #重新加载 daemon.json
systemctl restart docker   #重新启动 docker 服务
```

1. 获取映像

映像是 Docker 运行的前提,可以使用 docker pull 命令从网络上下载映像。命令格式如下:

```
docker pull NAME[:TAG]
```

对于 Docker 映像,如果不显示指定 TAG,则默认会选择 latest 作为标签。下载仓库中最新版本的映像,如图 9-11 所示。

```
docker pull centos
```

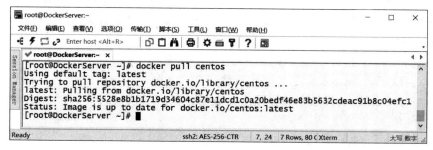

图 9-11　获取 CentOS 映像

205

该命令下载的是 CentOS,使用的是默认标记 latest。在下载的过程中可以看出,映像文件是由若干层组成的。下载过程中会获取并输出映像的各层信息。

下载映像到本地之后,就可以使用该映像创建一个容器,在其中运行 bash 应用,如图 9-12 所示。

```
docker run -t -i centos /bin/bash
```

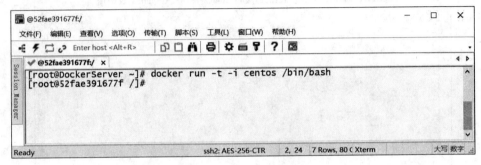

图 9-12　运行 bash 应用

要退出当前的 CentOS 容器,需要运行 exit 命令。

2. 查看映像信息

使用 docker images 命令可以列出本地主机上已有的映像,如图 9-13 所示。

```
docker images
```

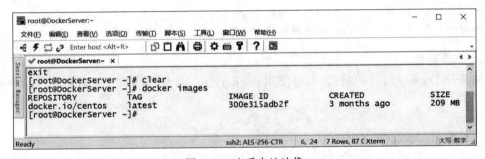

图 9-13　查看本地映像

从这些列出的信息中,可以看出映像来自哪个仓库,映像的标签信息,映像的 ID 号,创建的时间和映像的大小。其中,映像的 ID 信息十分重要,它是映像的唯一标识。

TAG 信息用于标记来自同一仓库的不同映像。通过 TAG 信息可以区分发行版本。

3. 搜索映像

使用 docker search 命令可以搜索远端仓库中共享的映像,默认搜索 DockerHub 官方仓库的映像。Docker search 命令支持的参数包括:--automated=false 表示仅显示自动创建的映像;--no-trunc=false 表示输出信息不截断显示;-s 和--start=0 表示显示评价为指定星级以上的映像。

例如,搜索带有 MySQL 关键字的映像,如图 9-14 所示。

```
docker search mysql
```

图 9-14　搜索 MySQL 关键字映像

默认输出的结果将按照星级评价进行排序。

4. 删除映像

使用 docker rmi 命令可以删除不再需要的映像。当该映像创建的容器存在时,必须先删除该映像所创建的容器,否则该映像是无法删除的,命令格式如下:

```
docker rmi IMAGE
```

其中,IMAGE 可以为标签或者 ID,如图 9-15 和图 9-16 所示。

```
docker rmi centos:latest
```

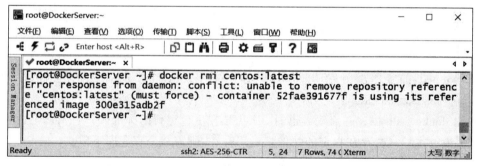

图 9-15　删除映像失败

图 9-16　删除映像成功

可以使用-f参数强制删除一个存在的容器依赖的映像,但这样往往会有遗留的问题。也可以先删除使用该映像创建的容器,再使用映像 ID 来删除映像,此时会正确地显示所删除的各层信息。

9.3.5　Docker 的创建与启动

容器是直接提供应用服务的组件,也是 Docker 实现快速启动和高效服务性能的基础。

1. 新建容器

使用 docker create 命令新建一个容器,参考代码如下:

```
docker create -it centos:latest
```

使用 docker ps 或者 docker ps -a 命令查看容器,如图 9-17 所示。参考代码如下:

```
docker ps
docker ps -a
```

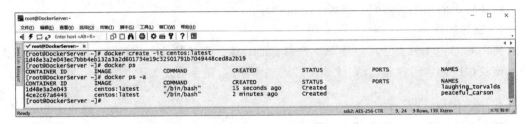

图 9-17　查看容器

由于上面使用 docker create 命令所创建的容器都是处于停止状态,所以需要用 docker start 命令来启动它。

2. 启动容器

启动容器有两种方式,一种方式是基于映像新建一个容器并启动,另外一种方式是将终止状态(sopped)的容器重新启动。所用的命令主要是 docker run,等价于先执行 docker create 命令,再执行 docker start 命令。

利用 docker run 创建并启动容器时,Docker 在后台运行的标准操作包括以下内容。

(1) 检查本地是否存在指定的映像。若不存在,则需在公有仓库下载。

(2) 利用映像创建并启动一个容器。

(3) 分配一个文件系统,并在只读的映像层外挂载一可读/写层。

(4) 从宿主主机配置的网桥接口中桥接一个虚拟接口到容器中。

(5) 从地址池配置一个 IP 地址给容器。

(6) 执行用户指定的应用程序。

(7) 执行完毕后容器被终止。

启动一个 bash 终端,允许用户进行交互,执行如下命令的效果如图 9-18 所示。

其中,-t 选项是让 Docker 分配一个伪终端并绑定到容器的标准输入,i 则是让容器的标准输入保持打开状态。在交互模式下,用户可以通过所创建的终端输入命令。

在容器内使用 ps 命令查看进程,只可以看到运行了 bash 应用,而其他没有运行的则看

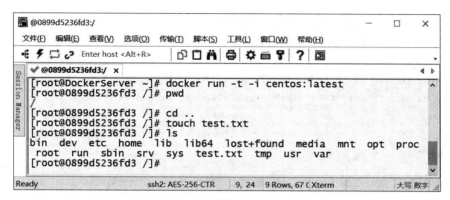

图 9-18　使用 docker run 命令创建并启动容器

不到进程,如图 9-19 所示。

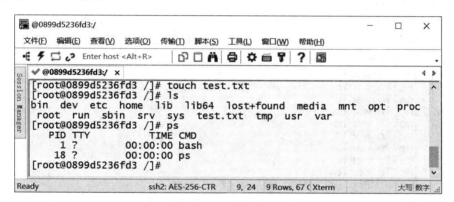

图 9-19　查看容器进程

对于所创建的 bash 容器,使用 exit 命令退出后,该容器就会自动处于终止状态。这是因为对于 Docker 容器来说,当运行的应用退出后,容器就没有继续运行的必要了。

3. 守护态运行

更多的时候,需要让 Docker 容器在后台以守护态的形式运行。用户可以通过添加-d 参数来实现。

创建一个后台运行容器,运行如下命令:

```
docker run -d centos:latest /bin/bash -c "while true;do echo hello world;sleep;
done"
```

命令执行成功,容器也创建成功,返回一个唯一的容器 ID,可以通过 docker ps 命令查看创建的容器信息,如图 9-20 所示。

也可以通过 docker logs 99 命令来获取容器的输出信息,其中 99 是容器的 ID,如图 9-21 所示。

4. 终止容器

当一个容器不再需要运行时,可以使用 docker stop 命令终止一个运行中的容器,命令格式如下:

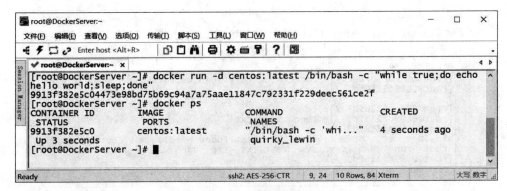

图 9-20 查看容器信息

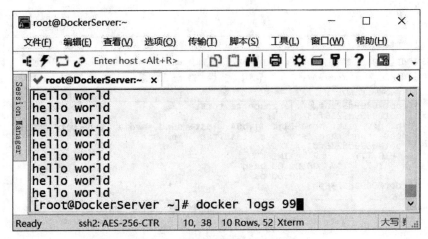

图 9-21 查看容器的输出信息

```
docker stop[-t|--time[=10]]
```

此命令会首先向容器发送 sigterm 信号,等待一段时间(默认为 10s),再发送 sigkill 信号终止容器。

当 Docker 容器中指定的应用终止时,容器也自动终止。

用 docker stop 终止一个运行中的容器。

```
docker stop 99
```

使用 docker ps -a -q 命令可以查看处于终止状态的容器的 ID 信息。

```
docker ps -a -q
```

处于终止状态的容器,可以通过 docker start 命令启动。

```
docker start 99
```

使用 docker restart 命令将一个运行中的容器终止,随后又再次启动它。

```
docker restart 99
```

5. 进入容器

在使用-d 参数时,容器启动会进入后台,用户无法看到容器内部的信息。有时,如果需要进入容器进行操作,则需要进入容器。进入容器有多种方法,包括用 docker attach、docker exec 等命令。

(1) 使用 docker attach 命令。首先使用命令运行一个容器,命令如下:

```
docker run -idt centos
```

使用 docker attach 命令进入容器,如图 9-22 所示。

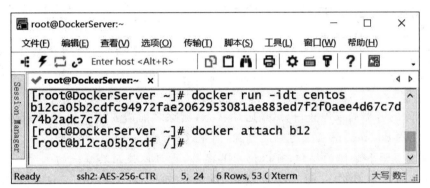

图 9-22　进入容器

有时使用 docker attach 命令不是很方便,当有多个窗口同时使用 attach 命令连接到同一个容器时,所有窗口都会同步显示。当某个窗口因命令阻塞时,其他窗口也无法使用。

(2) 使用 docker exec 命令。自从 docker 1.3 版本开始,系统提供了一个比 attach 更加方便的工具 exec,可以直接在容器内运行命令。进入到创建的容器中,并启动一个 bash,参考命令如下:

```
docker exec -it 99  /bin/bash
```

执行结果如图 9-23 所示。

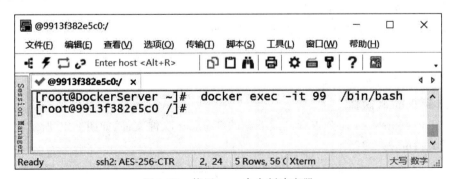

图 9-23　使用 exec 命令创建容器

6. 删除容器

当不再需要某个容器时,需要将它删除,删除容器的命令为 docker rm。如果要删除编号为 99 开头的容器,参考命令如下:

```
docker rm 99
```

执行结果如图 9-24 所示。

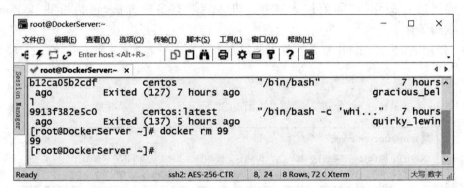

图 9-24　删除容器

如果删除的容器尚未停止，仍然是启动状态，删除之前需要使用 docker stop 命令停止容器，或者使用 docker rm -f 命令强制删除，但是这种方式一般不推荐使用。

注意：对容器和映像的操作，可以使用其名称，也可以使用其唯一的编号，可以写完整的编号（一般不这样操作），也可以写容器 ID 的前三位数。当然也可以多写几位，只要 Docker 能唯一识别容器即可。

任务 9.4　Docker 应用

在学习了 Docker 的基本概念、核心架构以及 Docker 的基本操作后，本任务学习 Docker 的应用以及使用 Docker 部署 Tomcat 和 MySQL 的方法。

9.4.1　使用 Docker 部署 Tomcat Web 服务器

1. 下载 Tomcat 的 Docker 映像

使用 docker pull 命令下载映像，参考命令如下：

```
docker pull tomcat
```

执行结果如图 9-25 所示。

2. 查看 Tomcat 映像

使用 docker images 命令查看已经下载的 Tomcat 映像文件，如图 9-26 所示。

3. 启动 Tomcat 容器

通过 docker run -p 8080:8080 docker.io/tomcat 命令启动一个 Tomcat 容器，其中第一个 8080 为外部访问端口，第二个 8080 为容器内部端口。040 为 Tomcat 映像 ID 的前三位。

```
docker run -p 8080:8080 docker.io/tomcat
```

4. 查看启动的容器

通过 docker ps -a 命令查看全部容器，如图 9-27 所示。可以看到一个以 e34 开头的容

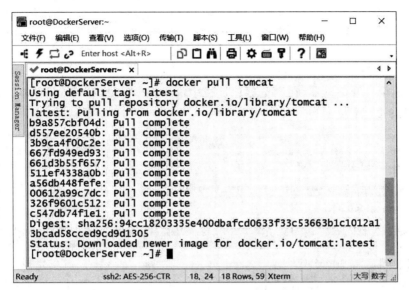

图 9-25　下载 Tomcat 映像

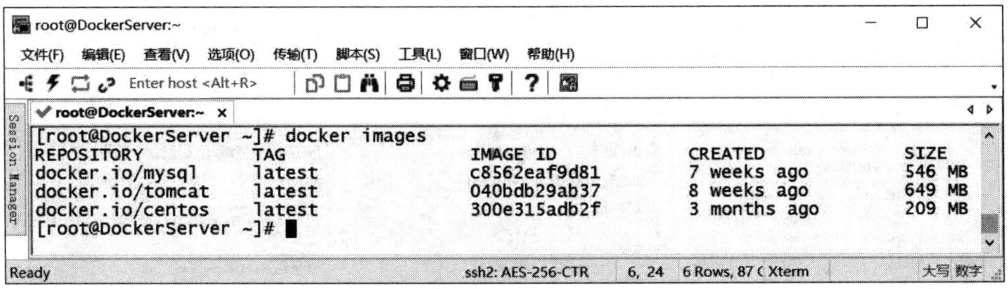

图 9-26　查看 Tomcat 映像

器处于启动状态，就是我们刚刚创建的容器。可以查看它的容器 ID、映像 ID、外部和内部端口以及容器名称。

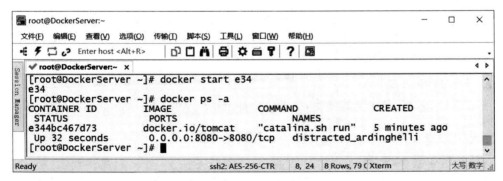

图 9-27　查看 Tomcat 容器

使用 exec 命令进入 Tomcat 容器，并修改 Tomcat 目录文件，参考命令如下：

```
[root@ DockerServer ~]#docker exec -it e34 bash
```

```
root@ e344bc467d73:/usr/local/tomcat#ls
root@ e344bc467d73:/usr/local/tomcat#mv webapps webapps.bak
root@ e344bc467d73:/usr/local/tomcat#mv webapps.dist/ webapps
```

5. 测试访问页面

在宿主机中打开浏览器，在浏览器地址栏中输入 IP 和 8080，就可访问默认的 Tomcat 界面了，如图 9-28 所示。

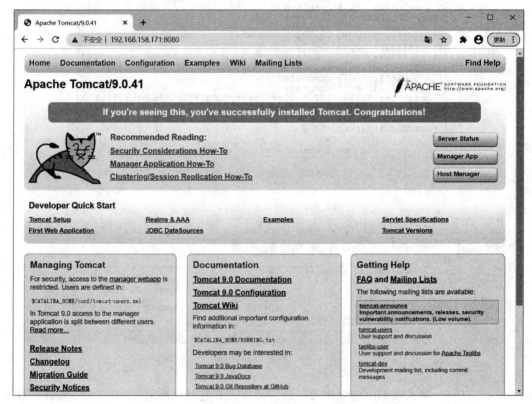

图 9-28　Tomcat 主界面

至此，使用 Docker 部署 Tomcat 的步骤已经完成。

9.4.2　使用 Docker 部署 MySQL 数据库

1. 下载 MySQL 映像

使用 docker pull 命令下载映像，参考命令如下：

```
docker pull mysql
```

执行结果如图 9-29 所示。

使用 docker images 命令查看当前的映像，如图 9-30 所示，可以看到刚才下载的 MySQL 映像。

2. 创建 MySQL 容器

有了 MySQL 的映像后，可以使用一条命令创建 MySQL 容器，参考代码如下：

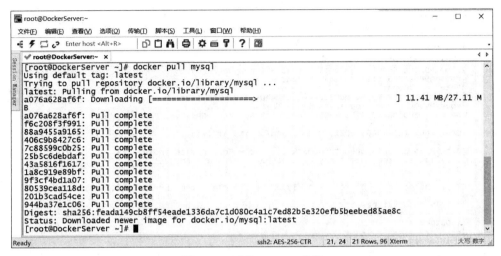

图 9-29　下载 MySQL 映像

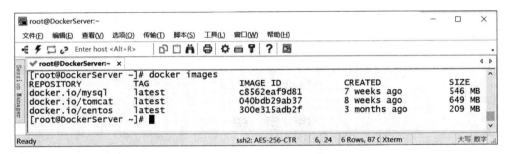

图 9-30　查看 MySQL 映像

```
docker run - di - - name pinyougou_mysql - p 3306:3306 - e MYSQL_ROOT_PASSWORD=
123456 mysql
```

说明：

-p　代表端口映射,格式为"宿主机映射端口:容器运行端口"。

-e　代表添加环境变量,MYSQL_ROOT_PASSWORD 是 root 用户的登录密码。

3. 进入 MySQL 容器并登录 MySQL

在创建好 MySQL 的容器之后,如果使用 MySQL,需要使用 docker exec 命令进入容器。具体命令的参考内容如下：

```
docker exec - it pinyougou_mysql /bin/bash
```

在容器中登录 MySQL 的命令,参考命令如下：

```
mysql - u root - p
```

登录成功后,查看数据库的命令,参考命令如下：

```
show databases
```

MySQL 容器使用的效果如图 9-31 所示。

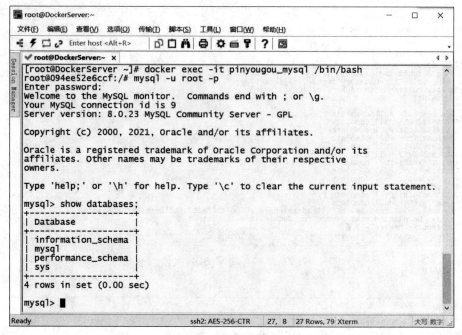

图 9-31　使用 MySQL 容器

项 目 总 结

　　本项目介绍了 Docker 的发展概况、特点以及与虚拟机虚拟化的区别，并阐述了 Docker 的技术架构，详细描述了 Docker 的安装、Docker 映像的使用以及 Docker 容器的使用，并通过综合实践案例给出了 Docker 在实际操作中如何快速部署 Tomcat 和 MySQL 应用。通过本项目内容的学习，读者可以掌握实现 Docker 的快速部署方法及其在各个场合的实际应用。

实 践 任 务

实验名称：
使用 Docker 部署 MySQL。
实验目的：
- 掌握 Docker 的安装。
- 掌握 Docker 基本命令操作。
- 掌握映像的下载和查看、删除。
- 掌握容器的创建、进入、删除以及容器的进入、启动和停止。

实验内容：

- 在 CentOS 7 下安装 Docker。
- 下载 MySQL 映像。
- 创建 MySQL 容器，外部端口和内部端口均为 3306。
- 进入容器，使用命令查看当前 MySQL 中全部的数据库。

拓 展 练 习

一、选择题

1. Docker 虚拟化技术是（　　）。
   - A. 虚拟机
   - B. 重量级虚拟化技术
   - C. 半虚拟化技术
   - D. 一个开源的应用容器引擎

2. Docker 目前可以运行的系统是（　　）。
   - A. Windows Server 2012
   - B. Linux
   - C. MAC OS
   - D. Windows

3. Docker 是基于（　　）作为引擎。
   - A. LXC
   - B. Linux
   - C. 虚拟机
   - D. 容器

4. Docker 跟 KVM、Xen 虚拟化的区别是（　　）。
   - A. 启动快，资源占用小，基于 Linux 容器技术
   - B. KVM 属于半虚拟化
   - C. Docker 属于半虚拟化
   - D. KVM 属于轻量级虚拟化

5. 关于 Docker 虚拟化，以下说法正确的是（　　）。
   - A. Docker 是基于 Linux 64 位的，无法在 32 位的 Linux/Windows/UNIX 环境下使用
   - B. Docker 虚拟化可以替代其他所有虚拟化
   - C. Docker 技术可以不基于 OS 系统
   - D. Docker 可以在 Windows 上进行虚拟

6. 使用 Docker 可以帮助企业解决的问题是（　　）。
   - A. 服务器资源利用不充分、部署难问题
   - B. 可以当成单独的虚拟机来使用
   - C. Docker 可以解决自动化运维问题
   - D. Docker 可以帮助企业实现数据自动化

7. Docker 进入容器的命令格式是（　　）。
   - A. docker run -it -d centos /bin/bash
   - B. docker -exec -it docker id /bin/bash
   - C. docker start docker-id
   - D. docker attach

8. Docker 在后台运行一个实例的命令是（　　）。
   - A. docke start docker-id
   - B. docker run itd centos /bin/bash
   - C. docker inspect docker-id
   - D. docker attach docker-id

9. Docker 常用的文件系统类型为（　　）。

    A. NTFS 和 EXT4   B. Devicemapper 和 EXT4

    C. Aufs 和 EXT4   D. Aufs 和 Devicemapper

10. Docker 可以控制很多资源，目前还不能对如下资源进行隔离的是（　　　）。

    A. 硬盘 I/O 读写   B. 硬盘和内存大小

    C. CPU 和网卡   D. CPU 个数

二、简答题

1. Docker 引擎主要包含哪几个组件？各个组件的作用是什么？

2. Docker 服务端主要包含哪几部分？各个部分的作用是什么？

参 考 文 献

[1] 青岛英谷教育科技股份有限公司.云计算与虚拟化技术[M].西安：西安电子科技大学出版社,2018.

[2] 肖睿.OpenStack平台部署与高可用性实战[M].北京：人民邮电出版社,2019.

[3] 李晨光.虚拟化与云平台构建[M].北京：机械工业出版社,2015.

[4] 陈亚威.虚拟化技术应用与实践[M].北京：人民邮电出版社,2019.

[5] 钟小平.服务器虚拟化技术与应用[M].北京：人民邮电出版社,2018.

[6] 王培麟.云计算虚拟化技术与应用[M].北京：人民邮电出版社,2017.

[7] 杨海艳,等.虚拟化与云计算系统运维管理-微课版[M].北京：清华大学出版社,2017.